零基础点对点识图与造价系列

装饰装修工程识图与造价入门

鸿图造价　组编

赵小云　主编

机械工业出版社

CHINA MACHINE PRESS

本书为"零基础点对点识图与造价系列"之一，根据《建设工程工程量清单计价规范》（GB 50500—2013）、《房屋建筑与装饰工程工程量计算规范》（GB 50854—2013）等标准规范编写。本书针对读者在造价工作中遇到的问题和难点，以问题导入、案例导入、算量分析、关系识图等板块进行一一讲解，同时融合了软件的操作使用。全书共 13 章，主要内容包括造价工程师执业制度，工程造价管理相关法律法规，工程造价概述，装饰装修工程施工图识读，楼地面装饰工程，墙、柱面装饰与隔断、幕墙工程，天棚（顶棚）工程，油漆、涂料、裱糊工程，门窗工程，其他工程，房屋修缮工程，装饰装修工程定额与清单计价以及装饰装修工程造价软件应用等。

　　本书适合装饰装修工程、工程管理、工程经济等专业的在校学生及从事造价工作人员学习参考，也可以作为造价自学人员的优选书籍。

图书在版编目（CIP）数据

装饰装修工程识图与造价入门/鸿图造价组编. —北京：机械工业出版社，2021.5

（零基础点对点识图与造价系列）

ISBN 978-7-111-68176-2

Ⅰ.①装… Ⅱ.①鸿… Ⅲ.①建筑装饰-建筑制图-识图②建筑装饰-工程造价 Ⅳ.①TU204.21②TU723.3

中国版本图书馆 CIP 数据核字（2021）第 084661 号

机械工业出版社（北京市百万庄大街 22 号　邮政编码 100037）
策划编辑：闫云霞　责任编辑：闫云霞　关正美
责任校对：张　征　封面设计：张　静
责任印制：李　昂
唐山三艺印务有限公司印刷
2022 年 1 月第 1 版第 1 次印刷
184mm×260mm·12.5 印张·303 千字
标准书号：ISBN 978-7-111-68176-2
定价：45.00 元

电话服务　　　　　　　　　　网络服务
客服电话：010-88361066　　机　工　官　网：www.cmpbook.com
　　　　　010-88379833　　机　工　官　博：weibo.com/cmp1952
　　　　　010-68326294　　金　书　网：www.golden-book.com
封底无防伪标均为盗版　　　　机工教育服务网：www.cmpedu.com

编写成员名单

组　编

鸿图造价

主　编

赵小云

参　编

李俊涛　刘　瀚　刘　璐　杨汗青
代振龙　郭小磊　刘家印　郭　琳
刘振华　张仪超

P REFACE
▶▶▶▶▶ 前言

工程造价是比较专业的领域，建筑单位、设计院、造价咨询单位等都需要大量的造价人员，因此发展前景很好。当前，很多初学造价的人员工作时比较迷茫，而一些转行造价的入门者，学习和工作起来困难就更大一些。一本站在入门者角度的图书不仅可以让这些读者事半功倍，还可以使其工作和学习得心应手。

对于入门造价的初学者，任何一个知识点的缺乏都有可能成为他们学习的绊脚石，他们会觉得书中提到的一些专业术语，为什么没有相应的解释？为何没有相应的图片？全靠自己凭空想象，实在是难为人。本书结合以上问题，进行了市场调研，按照初学者思路，对其学习过程中遇到的知识点、难点和问题进行点对点讲解，做到识图有根基，算量有依据，前呼后应，理论与实践兼备。

本书根据《建设工程工程量清单计价规范》（GB 50500—2013）、《房屋建筑与装饰工程工程量计算规范》（GB 50854—2013）、《房屋建筑与装饰工程消耗量定额》（TY01—31—2015）等标准规范编写，站在初学者的角度设置内容，具有以下显著特点：

1）点对点。对识图和算量学习过程中的专业名词和术语进行点对点的解释，重点处给出了图片、音频或视频解释。

2）针对性强。每一章按照不同的分部工程进行划分，每个分部工程中的知识点以"问题导入+案例导入+算量解析+疑难分析"为主线，分别按定额和清单方式进行串讲。

3）形式新颖。采用直入问题，带着疑问去找答案的方式，以提高读者的学习兴趣。

4）实践性强。每个知识点的讲解，所采用的案例和图片均来源于实际。

5）时效性强。结合新版造价软件进行绘图与工程报表的提取，顺应造价工程新形势的发展。

本书在编写过程中，得到了许多同行的支持与帮助，在此一并表示感谢。由于编者水平有限，加上时间紧迫，书中难免有疏漏和不妥之处，望广大读者批评指正。如有疑问，可发邮件至 zjyjr1503@163.com 也可申请加入 QQ 群 811179070 与编者联系。

编　者

目录
CONTENTS

第1章 造价工程师执业制度

1.1 造价工程师概述

1.1.1 造价工程师的概念

造价工程师是通过全国造价工程师职业资格考试或者资格认定、资格互认，取得中华人民共和国造价工程师执业资格，并按照《注册造价工程师管理办法》注册，取得中华人民共和国造价工程师注册执业证书和执业印章，从事工程造价活动的专业人员。

全国造价工程师职业资格考试由国家住房和城乡建设部与人事部共同组织，每年举行一次。造价工程师职业资格考试实行全国统一大纲、统一命题、统一组织的办法。原则上只在省会城市设立考点。考试采用滚动管理，共设 4 个科目，滚动周期为 4 年。

造价工程师是指由国家授予资格并准予注册后执业，专门接受某个部门或某个单位的指定、委托或聘请，负责并协助其进行工程造价的计价、定价及管理业务，以维护其合法权益的工程经济专业人员。国家在工程造价领域实施造价工程师职业资格制度。凡是从事工程建设活动的建设、设计、施工、工程造价咨询、工程造价管理等单位和部门，必须在计价、评估、审查（核）、控制及管理等岗位配套有造价工程师职业资格的专业技术人员。

1.1.2 造价工程师职业资格考试

为了加强建设工程造价管理专业人员的执业准入管理，确保建设工程造价管理工作质量，维护国家和社会公共利益，原国家人事部、建设部在 1996 年联合发布造价工程师职业资格制度暂行规定，确立了造价工程师职业资格制度。

《注册造价工程师管理办法》《造价工程师继续教育实施办法》《造价工程师职业道德行为准则》等文件的陆续颁布与实施，确立了我国造价工程师职业资格制度体系的框架。我国造价工程师职业资格制度如图 1-1 所示。

1. 职业资格考试

一级造价工程师职业资格考试全国统一大纲、统一命题、统一组织，从 1997 年试点考试至今，每年举行一次（除 1999 年停考外）。自 2018 年起设立二级造价工程师职业资格。二级造价工程师职业资格考试全国统一大纲，各省、自治区、直辖市自主命题并组织实施。

2. 报考条件

（1）一级造价工程师报考条件

凡遵守中华人民共和国宪法、法律、法规，具有良好的业务素质和道德品行，具备下列条件之一者，可以申请参加一级造价工程师职业资格考试：

1）具有工程造价专业大学专科（或高等职业教育）学历，从事工程造价业务工作满 5 年；具有土木建筑、水利、装备制造、交通运输、电子信息、财经商贸大类大学专科（或高等职业教育）学历，从事工程造价业务工作满 6 年。

2）具有通过工程教育专业评估（认证）的工程管理、工程造价专业大学本科学历或学位，从事工程造价业务工作满 4 年；具有工学、管理学、经济学门类大学本科学历或学位，从事工程造价业务工作满 5 年。

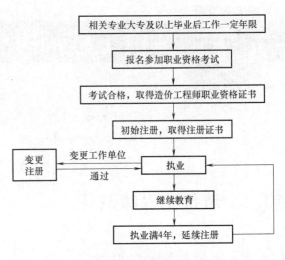

图 1-1　造价工程师职业资格制度

3）具有工学、管理学、经济学门类硕士学位或者第二学士学位，从事工程造价业务工作满 3 年。

4）具有工学、管理学、经济学门类博士学位，从事工程造价业务工作满 1 年。

5）具有其他专业相应学历或者学位的人员，从事工程造价业务工作年限相应增加 1 年。

（2）二级造价工程师报考条件

凡遵守中华人民共和国宪法、法律、法规，具有良好的业务素质和道德品行，具备下列条件之一者，可以申请参加二级造价工程师职业资格考试：

1）具有工程造价专业大学专科（或高等职业教育）学历，从事工程造价业务工作满 2 年；具有土木建筑、水利、装备制造、交通运输、电子信息、财经商贸大类大学专科（或高等职业教育）学历，从事工程造价业务工作满 3 年。

2）具有工程管理、工程造价专业大学本科及以上学历或学位，从事工程造价业务工作满 1 年；具有工学、管理学、经济学门类大学本科及以上学历或学位，从事工程造价业务工作满 2 年。

3）具有其他专业相应学历或者学位的人员，从事工程造价业务工作年限相应增加 1 年。

3. 考试科目

造价工程师职业资格考试设基础科目和专业科目。

一级造价工程师职业资格考试设 4 个科目，包括"建设工程造价管理""建设工程计价""建设工程技术与计量"和"建设工程造价案例分析"。其中，"建设工程造价管理"和"建设工程计价"为基础科目，"建设工程技术与计量"和"建设工程造价案例分析"为专业科目。

1.1.3　造价工程师的执业范围

造价工程师在工作中必须遵纪守法，恪守职业道德和从业规范，诚信执业，主动接受有关主管部门的监督检查，加强行业自律，造价工程师不得同时受聘于两个或两个以上单位，不得允许他人以本人名义执业，严禁"证书挂靠"。出租出借注册证书的，依据相关法律法规进行处罚，构成犯罪的，依法追究刑事责任。

1. 一级造价工程师执业范围

一级造价工程师执业范围包括建设项目全过程的工程造价管理与咨询等，具体工作内容有以下几方面：

音频 1-1：一级造价
工程师执业范围

1）项目建议书、可行性研究投资估算与审核，项目评价造价分析。

2）建设工程设计概算、施工（图）预算的编制和审核。

3）建设工程指标投标文件工程量和造价的编制与审核。

4）建设工程合同价款、结算价款、竣工决算价款的编制与管理。

5）建设工程审计、仲裁、诉讼、保险中的造价鉴定，工程造价纠纷调解。

6）建设工程计价依据、造价指标的编制与管理。

7）与工程造价管理有关的其他事项。

2. 二级造价工程师执业范围

二级造价工程师主要协助一级造价工程师开展相关工作，可独立开展以下几方面具体工作：

1）建设工程工料分析、计划、组织与成本管理，施工图预算和设计概算的编制。

2）建设工程量清单、最高投标限价、投标报价的编制。

3）建设工程合同价款、结算价款和竣工决算价款的编制。

造价工程师应该在本人工程造价咨询成果文件上签章，并承担相应责任。工程造价咨询成果文件应由一级造价工程师审核并加盖执业印章。

1.2 造价工程师的职权与要求

1.2.1 造价工程师的职权

1. 造价工程师的权利

1）使用造价工程师名称。

2）依法独立执行业务。

3）签署工程造价文件、加盖执业专用章。

4）申请设立工程造价咨询单位。

5）对违反国家法律、法规的不正当计价行为，有权向有关部门举报。

2. 造价工程师的义务

1）遵守法律、法规，恪守职业道德。

2）接受继续教育，提高业务技术水平。

3）在执业中保守技术和经济秘密。

4）不得允许他人以本人名义执业。

5）按照有关规定提供工程造价资料。

6）严格保守执业中得知的技术和经济秘密。

1.2.2 造价工程师的岗位职责

1）要求阅读、熟悉项目的全套施工图，负责审核优化。

2）掌握工程施工合同，根据工程目标制定所负责项目的成本控制目标，经批准后确定，并根据目标制定详细、切实可行的专业行动措施和应急行动措施，经批准后实施；对目标、措施的制定原则为：①准确。②依据合同和相关规定，公平、公正、合理。③及时。

3）在所负责项目工程成本控制方面，作为公司的代表人，在合同和公司授权范围内处理成本控制全过程范围内的相关事宜，并承担直接责任。

4）参与现场工程量收方工作，对收方准确性承担责任，在公司授权范围内处理各类零星事宜及签证。

5）负责管辖范围内的各类报表按照合同和公司规定的执行，不限于包含以下报表：①按照合同规定对材料核价报表审核。②招标采购计划或零星工程核价。③对各类总分包工程的总进度、月计划进度汇报审核以及对乙供材料核价申请表审核材料规格型号以及单价。④甲供材料计划报表审核（含月计划和实际采购计划）。⑤其他公司或者现场需要提出的收方以及核价。

6）配合工程部及其他相关部门做好现场设计变更及洽商的审核和确定，并根据相关变更及洽商及时调整预算。

7）审核总承包、劳务单位的工程进度预算，全面掌握施工图内容及合同条款，深入现场了解施工情况，为决算复核工作打好基础。

8）与施工单位办理竣工结算，计算和核对工程量，对有争议的计价或计量问题提出专业的处理意见。

9）参与负责公司工程建设项目招标投标文件编制中的预算工作，依据工程施工图和相关施工方案，编制或审查标底，审查投标书中的土建工程预算或报价，并提出审核意见供领导决策参考，为确定合同价款提供依据。

10）配合设计以及成本优化工作。

11）完成公司和领导交办的其他工作。

1.2.3 造价工程师的素质要求和职业道德

1. 造价工程师的素质要求

造价工程师的职责关系到国家和社会公众利益，对其专业和身体素质的要求包括以下几方面：

1）造价工程师是复合型专业管理人才。作为工程造价管理者，造价工程师应是具备工程、经济和管理知识与实践经验的高素质复合型专业人才。

2）造价工程师应具备技术技能。技术技能是指能应用知识、方法、技术及设备来达到特定任务的能力。

3）造价程师应具备人文技能。人文技能是指与人共事的能力和判断力。造价工程师应具有高度的责任心和协作精神，善于与业务工作有关的各方人员沟通、协作，共同完成工程造价管理工作。

4）造价工程师应具备组织管理能力。造价工程师应能了解整个组织及自己在组织中的地位，并具有一定的组织管理能力，面对机遇和挑战，能够积极进取、勇于开拓。

5）造价工程师应具有健康体魄。健康的心理和较好的身体素质是造价工程师适应紧张、繁忙工作的基础。

2. 造价工程师的职业道德

造价工程师的职业道德又称职业操守，通常是指造价工程师在职业活动中所遵守的行为规范的总称，是专业人士必须遵守的道德标准和行业规范。

为提高造价工程师整体素质和职业道德水准，维护和提高造价咨询行业的良好信誉，促进行业健康持续发展，中国建设工程造价管理协会制定和颁布了《造价工程师职业道德行为准则》，具体要求如下：

1）遵守国家法律、法规和政策，执行行业自律性规定，珍惜职业声誉，自觉维护国家和社会公共利益。

2）遵守"诚信、公正、精业、进取"的原则，以高质量的服务和优秀的业绩，赢得社会和客户对造价工程师职业的尊重。

3）勤奋工作，独立、客观、公正、正确地出具工程造价成果文件，使客户满意。

4）诚实守信，尽职尽责，不得有欺诈、伪造、作假等行为。

5）尊重同行，公平竞争，搞好同行之间的关系，不得采取不正当的手段损害、侵犯同行的权益。

6）廉洁自律，不得索取、收受委托合同约定以外的礼金和其他财物，不得利用职务之便谋取其他不正当的利益。

7）造价工程师与委托方有利害关系的应当主动回避，委托方也有权要求其回避。

8）对客户的技术和商务秘密负有保密义务。

9）接受国家和行业自律组织对其职业道德行为的监督检查。

第2章 工程造价管理相关法律法规

2.1 《中华人民共和国建筑法》

《中华人民共和国建筑法》主要适用于各类房屋建筑及其附属设施的建造和其配套的线路、管道设备的安装活动，但其中关于施工许可、企业资质审查和工程发包、承包、禁止转包，以及工程监理、安全和质量管理的规定，也适用于其他专业建筑工程的建筑活动。

2.1.1 建筑许可

建筑许可包括建筑工程施工许可和从业资格两个方面。

1. 建筑工程施工许可

（1）施工许可证的申领

除国务院建设行政主管部门确定的限额以下的小型工程外，建筑工程开工前，建设单位应当按照国家有关规定向工程所在地县级以上人民政府建设行政主管部门申请领取施工许可证。按照国务院规定的权限和程序批准开工报告的建筑工程，不再领取施工许可证。

申请领取施工许可证，应当具备如下条件：①已办理建筑工程用地批准手续。②依法应当办理建设工程规划许可证的，已取得建设工程规划许可。③需要拆迁的，其拆迁进度符合施工要求。④已经确定建筑施工企业。⑤有满足施工需要的资金安排、施工图及技术资料。⑥有保证工程质量和安全的具体措施。

（2）施工许可证的有效期限

建设单位应当自领取施工许可证之日起 3 个月内开工。因故不能按期开工的，应当向发证机关申请延期；延期以两次为限，每次不超过 3 个月。既不开工又不申请延期或者超过延期时限的，施工许可证自行废止。

（3）中止施工和恢复施工

在建的建筑工程因故中止施工的，建设单位应当自中止施工之日起 1 个月内，向发证机关报告，并按照规定做好建设工程的维护管理工作。建筑工程恢复施工时，应当向发证机关报告；中止施工满 1 年的工程恢复施工前，建设单位应当报发证机关核验施工许可证。

2. 从业资格

（1）单位资质

从事建筑活动的施工企业，勘察单位、设计单位和监理单位，按照其拥有的注册资本、专业技术人员、技术装备和已完成的建筑工程业绩等资质条件，划分为不同的资质等级，经资质审查合格，取得相应等级的资质证书后，方可在其资质等级许可的范围内从事建筑活动。

（2）专业技术人员资格

从事建筑活动的专业技术人员，应当依法取得相应的执业资格证书，并在执业资格证书许可的范围内从事建筑活动。

2.1.2 建筑工程发包、承包与造价

1. 建筑工程发包

（1）发包方式

建筑工程依法实行招标发包，对不适于招标发包的，可以直接发包。建筑工程实行招标发包的，发包单位应当将建筑工程发包给依法中标的承包单位。建筑工程实行直接发包的，发包单位应当将建筑工程发包给具有相应资质条件的承包单位。

（2）禁止行为

提倡对建筑工程实行总承包，禁止将建筑工程肢解发包。建筑工程的发包单位可以将建筑工程的勘察、设计、施工、设备采购一并发包给一个工程总承包单位。但是，不得将应当由一个承包单位完成的建筑工程肢解成若干部分发包给几个承包单位。按照合同约定，建筑材料、建筑构配件和设备由工程承包单位采购的，发包单位不得指定承包单位购入用于工程的建筑材料、建筑构配件和设备或者指定生产厂、供应商。

2. 建筑工程承包

（1）承包资质

承包建筑工程的单位应当持有依法取得的资质证书，并在其资质等级许可的业务范围内承揽工程。

禁止建筑施工企业超越本企业资质等级许可的业务范围或者以任何形式用其他建筑施工企业的名义承揽工程。禁止建筑施工企业以任何方式允许其他单位或个人使用本企业的资质证书、营业执照，以本企业的名义承揽工程。

（2）联合承包

大型建筑工程或结构复杂的建筑工程，可以由两个以上的承包单位联合共同承包。共同承包的各方对承包合同的履行承担连带责任。两个以上不同资质等级的单位实行联合共同承包的，应当按照资质等级低的单位的业务许可范围承揽工程。

（3）工程分包

建筑工程总承包单位可以将承包工程中的部分工程发包给具有相应资质条件的分包单位。但是，除总承包合同中已约定的分包外，必须经建设单位认可。施工总承包的，建筑工程主体结构的施工必须由总承包单位自行完成。

建筑工程总承包单位按照总承包合同的约定对建设单位负责，分包单位按照分包合同的约定对总承包单位负责。总承包单位和分包单位就分包工程对建设单位承担连带责任。

（4）禁止行为

禁止总承包单位将工程分包给不具备资质条件的单位。禁止分包单位将其承包的工程再分包。

3. 建筑工程造价

建筑工程的发包单位与承包单位应当依法订立书面合同，明确双方的权利和义务。建筑工程造价应当按照国家有关规定，由发包单位与承包单位在合同中约定。

发包单位和承包单位应当全面履行合同约定的义务。不按照合同约定履行义务的，依法承担违约责任。发包单位应当按照合同的约定，及时拨付工程款项。

2.1.3　建筑工程监理

国家推行建筑工程监理制度。实行监理的建筑工程，建设单位与其委托的工程监理单位应当订立书面委托监理合同。实施建筑工程监理前，建设单位应当将委托的工程监理单位、监理的内容及监理权限，书面通知被监理的建筑施工企业。

工程监理单位应当根据建设单位的委托，客观、公正地执行监理任务。工程监理人员发现工程设计不符合建筑工程质量标准或者合同约定的质量要求的，应当报告建设单位要求设计单位改正；工程监理人员认为工程施工不符合工程设计要求、施工技术标准和合同约定的，有权要求建筑施工企业改正。

2.1.4　建筑安全生产管理

建筑工程安全生产管理必须坚持安全第一、预防为主的方针，建立健全安全生产的责任制度和群防群治制度。

建筑工程设计应当符合按照国家规定制定的建筑安全规程和技术规范，保证工程的安全性能。建筑施工企业在编制施工组织设计时，应当根据建筑工程的特点制定相应的安全技术措施；对专业性较强的工程项目，应当编制专项安全施工组织设计，并采取安全技术措施。

建筑施工企业应当在施工现场采取维护安全、防范危险、预防火灾等措施；有条件的，应当对施工现场实行封闭管理。施工现场对毗邻的建筑物、构筑物和特殊作业环境可能造成损害的，建筑施工企业应当采取措施加以保护。

施工现场安全由建筑施工企业负责。实行施工总承包的，由总承包单位负责。分包单位向总承包单位负责，服从总承包单位对施工现场的安全生产管理。

建筑施工企业应当依法为职工参加工伤保险缴纳工伤保险费。鼓励企业为从事危险作业的职工办理意外伤害保险，支付保险费。

涉及建筑主体和承重结构变动的装修工程，建设单位应当在施工前委托原设计单位或者具有相应资质条件的设计单位提出设计方案；没有设计方案的，不得施工。

房屋拆除应当由具备保证安全条件的建筑施工单位承担，由建筑施工单位负责人对安全负责。

2.1.5　建筑工程质量管理

建设单位不得以任何理由，要求建筑设计单位或建筑施工单位违反法律、行政法规和建筑工程质量、安全标准，降低工程质量。建筑设计单位和建筑施工企业对建设单位违反前款规定提出的降低工程质量的要求，应当予以拒绝。

建筑工程的勘察、设计单位必须对其勘察、设计的质量负责。勘察、设计文件应当符合有关法律、行政法规的规定和建筑工程质量、安全标准、建筑工程勘察、设计技术规范以及合同的约定。设计文件选用的建筑材料、建筑构配件和设备，应当注明其规格、型号、性能等技术指标，其质量要求必须符合国家规定的标准。建筑设计单位对设计文件选用的建筑材料、建筑构配件和设备，不得指定生产厂、供应商。

建筑施工企业对工程的施工质量负责。建筑施工企业必须按照工程设计图和施工技术标准施工，不得偷工减料。工程设计的修改由原设计单位负责，建筑施工企业不得擅自修改工程设计。建筑施工企业必须按照工程设计要求、施工技术标准和合同的约定，对建筑材料、构配件和设备进行检验，不合格的不得使用。

建筑工程竣工经验收合格后，方可交付使用；未经验收或验收不合格的，不得交付使用。交付竣工验收的建筑工程，必须符合规定的建筑工程质量标准，有完整的工程技术经济资料和经签署的工程保修书，并具备国家规定的其他竣工条件。

2.2　《中华人民共和国民法典》——合同

《中华人民共和国民法典》第三编合同中的合同是指民事主体之间设立、变更、终止民事法律关系的协议。合同编分为 19 类，即买卖合同，赠与合同，借款合同，保证合同，租赁合同，融资租赁合同，保理合同，承揽合同，建设工程合同，运输合同，技术合同，保管合同，仓储合同，委托合同，物业服务合同，行纪合同，中介合同，合伙合同以及供用电、水、气、热力合同。

2.2.1　合同订立

当事人订立合同，应当具有相应的民事权利能力和民事行为能力。当事人依法可以委托代理人订立合同。

1. 合同形式

当事人订立合同，有书面形式、口头形式和其他形式。法律法规规定采用书面形式的，或当事人约定采用书面形式的，应当采用书面形式。

（1）书面形式

书面形式是指合同书、信件和数据电文（包括电报、电传、传真、电子数据交换和电子邮件）等可以有形地表现所载内容的形式。书面合同的优点在于有据可查、权利义务记载清楚、便于履行，发生纠纷时容易举证和分清责任。书面合同是实践中广泛采用的一种合同形式。建设工程合同应当采用书面形式。

1）合同书。合同书是书面合同的一种，也是合同中常见的一种。合同书有标准合同书与非标准合同书两种。标准合同书是指合同条款由当事人一方预先拟定，对方只能表示同意或者不同意的合同书，也即格式条款合同；非标准合同书是指合同条款完全由当事人双方协商一致所签订的合同书。

2）信件。信件是当事人就要约与承诺的内容相互往来的普通信函。信件的内容一般记载于纸张上，因而也是书面形式的一种。它与通过计算机及其网络手段而产生的信件不同，后者被称为电子邮件。

3）数据电文。数据电文包括传真、电子数据交换和电子邮件等。其中，传真是通过电子方式来传递信息的，其最终传递结果总是产生一份书面材料。而电子数据交换和电子邮件虽然也是通过电子方式传递信息的，可以产生以纸张为载体的书面资料，但也可以被储存在磁带、磁盘或接收者选择的其他非纸张的中介物上。

（2）口头形式

口头形式是指当事人用谈话的方式订立的合同，如当面交谈、电话联系等。口头合同形式一般应用于标的数额较小和即时结清的合同。例如，到商店、集贸市场购买商品，基本上都是采用口头合同形式。以口头形式订立合同，其优点是建立合同关系简便、迅速，缔约成本低。但在发生争议时，难以取证、举证，不易分清当事人的责任。

（3）其他形式

其他形式是指除书面形式、口头形式以外的方式来表现合同内容的形式。其主要包括默示形式和推定形式。默示形式是指当事人既不用口头形式、书面形式，也不用实施任何行为，而是以消极的不作为的方式进行的意思表示，默示形式只有在法律有特别规定的情况下才能运用。推定形式是指当事人不用语言、文字，而是通过某种有目的的行为表达自己意思的一种形式，从当事人的积极行为中，可以推定当事人已进行意思表示。

2. 合同内容

合同内容由当事人约定，一般包括当事人的名称或姓名和住所，标的，数量，质量，价款或者报酬，履行的期限、地点和方式，违约责任，解决争议的方法。

《中华人民共和国民法典》在分则中对建设工程合同（包括工程勘察、设计、施工合同）内容做了专门规定。

（1）勘察、设计合同内容

其内容包括提交基础资料和文件（包括概预算）的期限、质量要求、费用以及其他协作条件等条款。

（2）施工合同

其内容包括工程范围、建设工期、中间交工工程的开工和竣工时间、工程质量、工程造价、技术资料交付时间、材料和设备供应责任、拨款和结算、竣工验收、质量保修范围和质量保证期、双方相互协作等条款。

3. 合同订立程序

当事人订立合同，需要经过要约和承诺两个阶段。

（1）要约

要约是希望与他人订立合同的意思表示。

1）要约及其有效的条件。要约应当符合以下几方面规定：

① 内容具体确定；

② 表明经受要约人承诺，要约人即受该意思表示约束。也就是说，要约必须是特定人的意思表示，必须是以缔结合同为目的，必须具备合同的主要条款。

2）要约生效。要约到达受要约人时生效。如采用数据电文形式订立合同，收件人指定特定系统接收数据电文的，该数据电文进入该特定系统的时间，视为到达时间；未指定特定系统的，该数据电文进入收件人的任何系统的首次时间，视为到达时间。

3）要约撤回和撤销。要约可以撤回，撤回要约的通知应当在要约到达受要约人之前或者与要约同时到达受要约人。

要约可以撤销，撤销要约的通知应当在受要约人发出承诺通知之前到达受要约人。但有下列情形之一的，要约不得撤销：

① 要约人确定了承诺期限或者以其他形式明示要约不可撤销。

② 受要约人有理由认为要约是不可撤销的，并已经为履行合同做了准备工作。

4）要约失效。有下列情形之一的，要约失效：

① 拒绝要约的通知到达要约人。

② 要约人依法撤销要约。

③ 承诺期限届满，受要约人未作出承诺。

④ 受要约人对要约的内容作出实质性变更。

（2）承诺

承诺是受要约人同意要约的意思表示。除根据交易习惯或者要约表明可以通过行为作出承诺的之外，承诺应当以通知的方式作出。

1）承诺期限。承诺应当在要约确定的期限内到达要约人。要约没有确定承诺期限的，承诺应当依照下列规定到达：

① 除非当事人另有约定，以对话方式作出的要约，应当即时作出承诺。

② 以非对话方式作出的要约，承诺应当在合理期限内到达。

以信件或者电报作出的要约，承诺期限自信件载明的日期或者电报交发之日开始计算。信件未载明日期的，自投寄该信件的邮戳日期开始计算。以电话、传真等快速通信方式作出的要约，承诺期限自要约到达受要约人时开始计算。

2）承诺生效。承诺通知到达要约人时生效。承诺不需要通知的，根据交易习惯或者要约的要求作出承诺的行为时生效。采用数据电文形式订立合同的，承诺到达的时间适用于要约到达受要约人时间的规定。

受要约人在承诺期限内发出承诺，按照通常情形能够及时到达要约人，但因其他原因承诺到达要约人时超过承诺期限的，除要约人及时通知受要约人因承诺超过期限不接受该承诺的以外，该承诺有效。

3）承诺撤回。承诺可以撤回，撤回承诺的通知应当在承诺通知到达要约人之前或者与承诺通知同时到达要约人。

4）逾期承诺。受要约人超过承诺期限发出承诺的，除要约人及时通知受要约人该承诺有效的以外，为新要约。

5）要约内容的变更。承诺的内容应当与要约的内容一致。有关合同标的、数量、质量、价款或者报酬、履行期限、履行地点和方式、违约责任和解决争议方法等的变更，是对要约内容的实质性变更。受要约人对要约的内容作出实质性变更的，为新要约。承诺对要约的内容作出非实质性变更的，除要约人及时表示反对或者要约表明承诺不得对要约的内容作出任何变更的以外，该承诺有效，合同的内容以承诺的内容为准。

4. 合同成立

承诺生效时合同成立。

（1）合同成立的时间

当事人采用合同书形式订立合同的，自双方当事人签字或者盖章时合同成立。当事人采用信件、数据电文等形式订立合同的，可以在合同成立之前要求签订确认书签订确认书时合同成立。

（2）合同成立的地点

承诺生效的地点为合同成立的地点。采用数据电文形式订立合同的，收件人的主营业地为合同成立的地点；没有主营业地的，其经常居住地为合同成立的地点。当事人另有约定的，按照其约定。当事人采用合同书形式订立合同的，双方当事人签字或者盖章的地点为合同成立的地点。

（3）合同成立的其他情形

合同成立的情形还包括以下几方面：

1）法律、行政法规规定或者当事人约定采用书面形式订立合同，当事人未采用书面形式但一方已经履行主要义务，对方接受的。

2）采用合同书形式订立合同，在签字或者盖章之前，当事人一方已经履行主要义务对方接受的。

5. 格式条款

格式条款是当事人为了重复使用而预先拟定，并在订立合同时未与对方协商的条款。

（1）格式条款提供者的义务

采用格式条款订立合同，有利于提高当事人双方合同订立过程的效率、减少交易成本、避免合同订立过程中因当事人双方一事一议而可能造成的合同内容的不确定性。但由于格式条款的提供者往往在经济地位方面具有明显的优势，在行业中居于垄断地位，因而导致其在拟定格式条款时，会更多地考虑自己的利益，而较少考虑另一方当事人的权利或者附加种种限制条件。因此，提供格式条款的一方应当遵循公平的原则确定当事人之间的权利义务关系，并采取合理的方式提请对方注意免除或限制其责任的条款，按照对方的要求，对该条款予以说明。

（2）格式条款无效

提供格式条款一方免除自己责任、加重对方责任、排除对方主要权利的，该条款无效。此外，《中华人民共和国民法典》规定的合同无效的情形，同样适用于格式合同条款。

（3）格式条款的解释

对格式条款的理解发生争议的，应当按照通常理解予以解释。对格式条款有两种以上解释的，应当作出不利于提供格式条款一方的解释。格式条款和非格式条款不一致的，应当采用非格式条款。

6. 缔约过失责任

缔约过失责任发生于合同不成立或者合同无效的缔约过程。其构成条件有三个：一是当事人有过错；若无过错，则不承担责任。二是有损害后果的发生；若无损失，也不承担责任。三是当事人的过错行为与造成的损失有因果关系。

当事人在订立合同过程中有下列情形之一，给对方造成损失的，应当承担损害赔偿责任：

1）假借订立合同，恶意进行磋商。

2）故意隐瞒与订立合同有关的重要事实或者提供虚假情况。

3）有其他违背诚实信用原则的行为。

当事人在订立合同过程中知悉的商业秘密，无论合同是否成立，不得泄露或者不正当地使用。泄露或者不正当地使用该商业秘密给对方造成损失的，应当承担损害赔偿责任。

2.2.2　合同效力

1. 合同生效

合同生效与合同成立是两个不同的概念。合同的成立，是指双方当事人依照有关法律对合同的内容进行协商并达成一致的意见。合同成立的判断依据是承诺是否生效。合同生效，是指合同产生法律上的效力，具有法律约束力。在通常情况下，合同依法成立之时，就是合同生效之日，两者在时间上是同步的。但有些合同在成立后，并非立即产生法律效力，而是需要其他条件成就之后，才开始生效。

（1）合同生效的时间

依法成立的合同，自成立时生效。依照法律、行政法规规定应当办理批准、登记等手续的，待手续完成时合同生效。

（2）附条件和附期限的合同

1）附条件的合同。当事人对合同的效力可以约定附条件。附生效条件的合同，自条件成就时生效。附解除条件的合同，自条件成就时失效。当事人为自己的利益不正当地阻止条件成就的，视为条件已成就；不正当地促成条件成就的，视为条件不成就。

2）附期限的合同。当事人对合同的效力可以约定附期限。附生效期限的合同，自期限届至时生效。附终止期限的合同，自期限届满时失效。

2. 效力待定合同

效力待定合同是指合同已经成立，但合同效力能否产生尚不能确定的合同。效力待定合同主要是由于当事人缺乏缔约能力、财产处分能力或代理人的代理资格和代理权限存在缺陷所造成的。效力待定合同包括限制民事行为能力人订立的合同和无权代理人代订的合同。

（1）限制民事行为能力人订立的合同

根据《中华人民共和国民法典》，限制民事行为能力是指 10 周岁以上不满 18 周岁的未成年人，以及不能完全辨认自己行为的精神病人。限制民事行为能力人订立的合同，经法定代理人追认后，该合同有效，但纯获利益的合同或者与其年龄、智力、精神健康状况相适应而订立的合同，不必经法定代理人追认。

由此可见，限制民事行为能力人订立的合同并非一律无效，在以下几种情形订立的合同是有效的：

1）经过其法定代理人追认的合同，即为有效合同。

2）纯获利益的合同，即限制民事行为能力人订立的接受奖励、赠与、报酬等只需获得利益而无须其承担任何义务的合同，不必经其法定代理人追认，即为有效合同。

3）与限制民事行为能力人的年龄、智力、精神健康状况相适应而订立的合同，不必经其法定代理人追认，即为有效合同。

（2）无权代理人代订的合同

无权代理人代订的合同主要包括行为人没有代理权、超越代理权限范围或者代理权终止后仍以被代理人的名义订立的合同。

3. 无效合同

无效合同是指其内容和形式违反了法律、行政法规的强制性规定，或者损害了国家利益、集体利益、第三人利益和社会公共利益，因而不为法律所承认和保护、不具有法律效力的合同。无效合同自始没有法律约束力。在现实经济活动中，无效合同通常有两种情形，即整个合同无效（无效合同）和合同的部分条款无效。

（1）无效合同的情形

有下列情形之一的，合同无效：

1）一方以欺诈、胁迫的手段订立合同，损害国家利益。

2）恶意串通，损害国家、集体或第三人利益。

3）合法形式掩盖非法目的。

4）损害社会公共利益。

5）违反法律、行政法规的强制性规定。

（2）合同部分条款无效的情形

合同中的下列免责条款无效：

1）造成对方人身伤害的。

2）故意或者重大过失造成对方财产损失的。

免责条款是当事人在合同中规定的某些情况下免除或者限制当事人所负未来合同责任的条款。在一般情况下，合同中的免责条款都是有效的。但是，如果免责条款所产生的后果具有社会危害性和侵权性，侵害了对方当事人的人身权利和财产权利，则该免责条款将不具有法律效力。

4. 可变更或可撤销合同

可变更或可撤销合同是指欠缺一定的合同生效条件，但当事人一方可依照自己的意思使合同的内容得以变更或者使合同的效力归于消灭的合同。可变更或可撤销合同的效力取决于当事人的意思，属于相对无效的合同。当事人根据其意思，若主张合同有效，则合同有效，若主张合同无效，则合同无效；若主张合同变更，则合同可以变更。

2.2.3　合同履行

1. 合同履行的原则

合同履行的原则主要包括全面适当履行原则和诚实信用原则。

（1）全面适当履行

全面履行是指合同订立后，当事人应当按照合同约定，全面履行自己的义务，包括履行义务的主体、标的、数量、质量、价款或者报酬以及履行的期限、地点、方式等。适当履行是指当事人应按照合同规定的标的及其质量、数量，由适当的主体在适当的时间、适当的地点，以适当的履行方式履行合同义务，以保证当事人的合法权益。

（2）诚实信用

诚实信用是指当事人讲诚实、守信用，遵守商业道德，以善意的心履行合同。当事人不仅要保证自己全面履行合同约定的义务，并应顾及对方的经济利益，为对方履行创造条件，发现问题及时协商解决。以较小的履约成本，取得最佳的合同效益。还应根据合同的性质、目的和交易习惯履行通知、协助、保密等义务。

2. 合同履行的一般规则

合同生效后，当事人就质量、价款或者报酬、履行地点等内容没有约定或者约定不明确的，可以协议补充；不能达成补充协议的，按照合同有关条款或者交易习惯确定。依照上述规定仍不能确定的，适用下列规定：

1）质量要求不明确的，按照国家标准、行业标准履行；没有国家标准、行业标准的，按照通常标准或者符合合同目的的特定标准履行。

2）价款或者报酬不明确的，按照订立合同时履行地的市场价格履行；依法应当执行政府定价或者政府指导价的，按照规定履行。

3）履行地点不明确的，给付货币的，在接受货币方所在地履行；交付不动产的，在不动产所在地履行；其他标的，在履行义务一方所在地履行。

4）履行期限不明确的，债务人可以随时履行，债权人也可以随时要求履行，但应当给对方必要的准备时间。

5）方式不明确的，按照有利于实现合同目的的方式履行。

6）履行费用的负担不明确的，由履行义务一方负担。

2.2.4　合同变更、转让

1. 合同变更

合同变更是指对已经依法成立的合同，在承认其法律效力的前提下，对其进行修改或补充。当事人协商一致，可以变更合同。当事人对合同变更的内容约定不明确，令人难以判断约定的新内容与原合同内容的本质区别，则推定为未变更。

2. 合同转让

合同转让是当事人一方取得另一方同意后将合同的权利义务转让给第三方的法律行为。合同转让是合同变更的一种特殊形式，它不是变更合同中规定的权利义务内容，而是变更合同主体。

（1）债权转让

债权人可以将合同的权利全部或者部分转让给第三人。但下列三种债权不得转让：

1）根据合同性质不得转让。

2）按照当事人约定不得转让。

3）依照法律规定不得转让。

若债权人转让权利，债权人应当通知债务人。未经通知，该转让对债务人不发生效力。除非经受让人同意，债权人转让权利的通知不得撤销。

债权让与后，该债权由原债权人转移给受让人，受让人取代让与人（原债权人）成为新债权人，依附于主债权的从债权也一并转移给受让人，例如抵押权、留置权等。为保护债务人利益，不致其因债权转让而蒙受损失，凡债务人对让与人的抗辩权（例如同时履行的抗辩权等），可以向受让人主张。

（2）债务转让

应当经债权人同意，债务人才能将合同的义务全部或者部分转移给第三人。

债务人转移义务后，原债务人可享有的对债权人的抗辩权也随债务转移而由新债务人享有，新债务人可以主张原债务人对债权人的抗辩权。与主债务有关的从债务，例如附随于主债务的利息债务，也随债务转移而由新债务人承担。

（3）债权债务一并转让

当事人一方经对方同意，可以将自己在合同中的权利和义务一并转让给第三人，权利和义务一并转让的处理，适用上述有关债权人和债务人转让的有关规定。

2.2.5 合同终止与违约责任

1. 合同终止的条件

合同终止是指合同当事人双方依法使相互间的权利义务关系终止，即合同关系消灭。

合同终止的情形包括以下几方面：

1）债务已经按照约定履行。

2）合同解除。

3）债务相互抵销。

4）债务人依法将标的物提存。

5）债权人免除债务。

6）债权债务同归于一人。

7）法律规定或者当事人约定终止的其他情形。

音频 2-2：合同
终止的情形

债权人免除债务人部分或者全部债务的，合同的权利义务部分或者全部终止；债权和债务同归于一人的，合同的权利义务终止，但涉及第三人利益的除外。

合同权利义务的终止，不影响合同中结算和清理条款的效力以及通知、协助、保密等义务的履行。

2. 违约责任

违约责任是指合同当事人不履行或不适当履行合同，应依法承担的责任。

（1）违约责任的特点

1）违约责任以有效合同为前提。

2）违约责任以违反合同义务为要件。

3）违约责任可由当事人在法定范围内约定。

4）违约责任是一种民事赔偿责任。

（2）违约责任的承担方式及主体

当事人一方不履行合同义务或者履行合同义务不符合约定的，应当承担违约责任。承担方式有继续履行、采取补救措施、赔偿损失、支付违约金、双倍返还定金等。

对违约责任的承担主体有以下几方面规定：

1）合同当事人双方违约时违约责任的承担。当事人双方都违反合同的，应当各自承担相应的责任。

2）因第三人原因造成违约时违约责任的承担。当事人一方因第三人的原因造成违约的，应当向对方承担违约责任。当事人一方和第三人之间的纠纷，依照法律规定或者依照约定解决。

2.2.6 合同争议解决

合同争议是指合同当事人之间对合同履行状况和合同违约责任承担等问题所产生的意见分歧。合同争议的解决方式有和解、调解、仲裁或者诉讼。

1. 和解和调解

（1）和解

和解是合同当事人之间发生争议后，在没有第三人介入的情况下，合同当事人双方在自愿、互谅的基础上，就已经发生的争议进行商谈并达成协议，自行解决争议的一种方式。和解方式简便易行，有利于加强合同当事人之间的协作，使合同能更好地得到履行。

（2）调解

调解是指合同当事人在争议发生后，在第三者的主持下，根据事实、法律和合同，经过第三者的说服与劝解，使发生争议的合同当事人双方互谅、互让，自愿达成协议，从而公平、合理地解决争议的一种方式。

2. 仲裁

仲裁是指发生争议的合同当事人双方根据合同中约定的仲裁条款或者争议发生后由其达成的书面仲裁协议，将合同争议提交给仲裁机构并由仲裁机构按照仲裁法律规范的规定居中裁决，从而解决合同争议的法律制度。当事人不愿协商、调解或协商、调解不成的，可以根据合同中的仲裁条款或事后达成的书面仲裁协议，提交仲裁机构仲裁。涉外合同的当事人可以根据仲裁协议向我国仲裁机构或者其他仲裁机构申请仲裁。

根据《中华人民共和国仲裁法》，对于合同争议的解决，实行"或裁或审制"。即发生争议的合同当事人双方只能在"仲裁"或者"诉讼"两种方式中选择一种方式解决其合同争议。

仲裁裁决具有法律约束力。合同当事人应当自觉执行裁决。不执行的，另一方当事人可以申请有管辖权的人民法院强制执行。裁决作出后，当事人就同一争议再申请仲裁或者向人民法院起诉的，仲裁机构或者人民法院不予受理。但当事人对仲裁协议的效力有异议的，可以请求仲裁机构作出决定或者请求人民法院作出裁定。

3. 诉讼

诉讼是指合同当事人依法将合同争议提交人民法院受理，由人民法院依照司法程序通过调查、作出判决、采取强制措施等来处理争议的法律制度。有下列情形之一的，合同当事人可以选择诉讼方式解决合同争议：

1）合同争议的当事人不愿和解、调解的。

2）经和解、调解未能解决合同争议的。

3）当事人没有订立仲裁协议或者仲裁协议无效的。

4）仲裁裁决被人民法院依法裁定撤销或者不予执行的。

合同当事人双方可以在签订合同时约定选择诉讼方式解决合同争议，并依法选择有管辖权的人民法院，但不得违反《中华人民共和国民事诉讼法》关于级别管辖和专属管辖的规定。对于一般的合同争议，由被告住所地或者合同履行地人民法院管辖。建设工程施工合同以施工行为地为合同履行地。

2.3 《中华人民共和国招标投标法》

《中华人民共和国招标投标法》规定，在中华人民共和国境内进行下列工程建设项目包括项目的勘察、设计、施工、监理以及与工程建设有关的重要设备、材料等的采购，必须进行招标：

1）大型基础设施、公用事业等关系社会公共利益、公众安全的项目。

2）全部或者部分使用国有资金投资或者国家融资的项目。

3）使用国际组织或者外国政府贷款、援助资金的项目。

任何单位和个人不得将依法必须进行招标的项目化整为零或者以其他任何方式规避招标。依法必须进行招标的项目，其招标投标活动不受地区或者部门的限制。任何单位和个人不得违法限制或者排斥本地区、本系统以外的法人或者其他组织参加投标，不得以任何方式非法干涉招标投标活动。有关行政监督部门依法对招标投标活动实施监督，依法查处招标投标活动中的违法行为。

2.3.1 招标与投标

1. 招标方式

招标分为公开招标和邀请招标两种方式。国务院发展改革部门确定的国家重点项目和省、自治区、直辖市人民政府确定的地方重点项目不适宜公开招标的，经国务院发展改革部门或者省、自治区、直辖市人民政府批准，可以进行邀请招标。

1）招标人采用公开招标方式的，应当发布招标公告。依法必须进行招标的项目，应当通过国家指定的报刊、信息网络或者媒介发布招标公告。

2）招标人采用邀请招标方式的，应当向3个以上具备承担招标项目的能力、资信良好的特定法人或者其他组织发出投标邀请书。

招标公告或投标邀请书应当载明招标人的名称和地址，招标项目的性质、数量、实施地点和时间以及获取招标文件的办法等事项。招标人不得以不合理的条件限制或者排斥潜在投标人，不得对潜在投标人实行歧视待遇。

2. 招标文件

招标人应当根据招标项目的特点和需要编制招标文件。招标文件应当包括招标项目的技术要求、对招标人资格审查的标准、投标报价要求和评标标准等所有实质性要求和条件以及拟签订合同的主要条款。招标项目需要划分标段、确定工期的，招标人应当合理划分标段、确定工期，并在招标文件中载明。

招标文件不得要求或者标明特定的生产供应者以及含有倾向或者排斥潜在投标人的其他内容。招标人不得向他人透露已获取招标文件的潜在投标人的名称、数量及可能影响公平竞争的有关招标投标的其他情况。

招标人对已发出的招标文件进行必要的澄清或者修改的，应当在招标文件要求提交投标文件截止时间至少15日前，以书面形式通知所有招标文件收受人。该澄清或者修改的内容为招标文件的组成部分。

招标人设有标底的，标底必须保密。招标人应当确定投标人编制投标文件所需要的合理时间。依法必须进行招标的项目，自招标文件开始发出之日起至投标人提交投标文件截止之日止，最短不得少于20日。

3. 投标文件

投标人应当具备承担招标项目的能力；国家有关规定对投标人资格条件或者招标文件对

投标人资格条件有规定的，投标人应当具备规定的资格条件。

（1）投标文件的内容

投标人应当按照招标文件的要求编制投标文件，投标文件应当对招标文件提出的实质性要求和条件作出响应。对属于建设施工的招标项目，投标文件的内容应当包括拟派出的项目负责人与主要技术人员的简历、业绩和拟用于完成招标项目的机械设备等。

根据招标文件载明的项目实际情况，投标人如果准备在中标后将中标项目的部分非主体、非关键工程进行分包的，应当在投标文件中载明。在招标文件要求提交投标文件的截止时间前，投标人可以补充、修改或者撤回已提交的投标文件，并书面通知招标人，补充、修改的内容为投标文件的组成部分。

（2）投标文件的送达

投标人应当在招标文件要求提交投标文件的截止时间前，将投标文件送达投标地点。招标人收到投标文件后，应当签收保存，不得开启。投标人少于 3 个的，招标人应当依照《中华人民共和国招标投标法》重新招标。在招标文件要求提交投标文件的截止时间后送达的投标文件，招标人应当拒收。

（3）其他规定

投标人不得相互串通投标报价，不得排挤其他投标人的公平竞争、损害招标人或其他投标人的合法权益。投标人不得与招标人串通投标，损害国家利益、社会公共利益或者他人的合法权益。投标人不得以低于成本的报价竞标，也不得以他人名义投标或者以其他方式弄虚作假，骗取中标。禁止投标人以向招标人或评标委员会成员行贿的手段谋取中标。

2.3.2　开标、评标和中标

1. 开标

开标由招标人主持，在招标文件确定的提交投标文件截止时间的同一时间、招标文件中预先确定的地点公开进行。应邀请所有投标人参加开标。开标时，由投标人或者其推选的代表检查投标文件的密封情况，也可以由招标人委托的公证机构检查并公证；经确认无误后，由工作人员当众拆封，宣读投标人名称、投标价格和投标文件的其他主要内容。开标过程应当记录，并存档备查。

2. 评标

评标由招标人依法组建的评标委员会负责。

（1）评标委员会的组成

依法必须进行招标的项目，其评标委员会由招标人的代表和有关技术、经济等方面的专家组成，成员人数为 5 人以上单数，其中，技术、经济等方面的专家不得少于成员总数的 2/3。评标委员会的专家成员应当从国务院有关部门或者省、自治区、直辖市人民政府有关部门提供的专家名册或者招标代理机构的专家库内的相关专业的专家名单中确定，一般招标项目可以采取随机抽取方式，特殊招标项目可以由招标人直接确定。

与投标人有利害关系的人不得进入相关项目的评标委员会，已经进入的，应当进行更换。评标委员会成员的名单在中标结果确定前应当保密。

（2）投标文件的澄清或者说明

评标委员会可以要求投标人对投标文件中含义不明确的内容做必要的澄清或者说明，但澄清或者说明不得超出投标文件的范围或改变投标文件的实质性内容。

（3）评标

招标人应当采取必要的措施，保证评标在严格保密的情况下进行。评标委员会应当按照招标文件确定的评标标准和方法，对投标文件进行评审和比较。设有标底的，应当参考标底。中标人的投标应当符合下列条件之一：

1）能够最大限度地满足招标文件中规定的各项综合评价标准；

2）能够满足招标文件的实质性要求，并且经评审的投标价格最低。但是，投标价格低于成本的除外。

评标委员会经评审，认为所有投标都不符合招标文件要求的，可以否决所有投标。评标委员会完成评标后，应当向招标人提出书面评标报告，并推荐合格的中标候选人。招标人据此确定中标人。招标人也可以授权评标委员会直接确定中标人。在确定中标人前，招标人不得与投标人就投标价格、投标方案等实质性内容进行谈判。

3. 中标

中标人确定后，招标人应当向中标人发出中标通知书，并同时将中标结果通知所有未中标的投标人。中标通知书对招标人和中标人具有法律效力，中标通知书发出后，招标人改变中标结果或者中标人放弃中标项目的，应当依法承担法律责任。

招标人和中标人应当自中标通知书发出之日起 30 日内，按照招标文件和中标人的投标文件订立书面合同。招标人和中标人不得再订立背离合同实质性内容的其他协议。招标文件要求中标人提交履约保证金的，中标人应当提交。依法必须进行招标的项目，招标人应当自确定中标人之日起 15 日内，向有关行政监督部门提交招标投标情况的书面报告。

2.4 其他相关法律法规

2.4.1 《中华人民共和国政府采购法》

《中华人民共和国政府采购法》所称政府采购，是指各级国家机关、事业单位和团体组织，使用财政性资金采购依法制定的集中采购目录以内的或采购限额标准以上的货物、工程和服务的行为。政府采购工程进行招标投标的，适用《中华人民共和国招标投标法》。

政府采购实行集中采购和分散采购相结合。集中采购的范围由省级以上人民政府公布的集中采购目录确定。

1. 政府采购当事人

采购人采购纳入集中采购目录的政府采购项目，必须委托集中采购机构代理采购；采购未纳入集中采购目录的政府采购项目，可以自行采购，也可以委托集中采购机构在委托的范围内代理采购。

采购人可以根据采购项目的特殊要求，规定供应商的特定条件，但不得以不合理的条件对供应商实行差别待遇或者歧视待遇。两个以上的自然人、法人或者其他组织可以组成一个联合体，以一个供应商的身份共同参加政府采购。

2. 政府采购方式

政府采购可采用的方式有公开招标、邀请招标、竞争性谈判、单一来源采购、询价，以及国务院政府采购监督管理部门认定的其他采购方式。公开招标应作为政府采购的主要采购方式。

（1）公开招标

采购人采购货物或服务应当采用公开招标方式的，其具体数额标准，属于中央预算的政府采购项目，由国务院规定属于地方预算的政府采购项目，由省、自治区、直辖市人民政府规定；因特殊情况需要采用公开招标以外的采购方式的，应当在采购活动开始前获得设区的市、自治州以上人民政府采购监督管理部门的批准。

（2）邀请招标

符合下列情形之一的货物或服务，可采用邀请招标方式采购：

1）具有特殊性，只能从有限范围的供应商处采购的。

2）采用公开招标方式的费用占政府采购项目总价值的比例过大的。

（3）竞争性谈判

符合下列情形之一的货物或服务，可依照本法采用竞争性谈判方式采购：

1）招标后没有供应商投标或没有合格标的或重新招标未能成立的。

2）技术复杂或性质特殊，不能确定详细规格或具体要求的。

3）采用招标所需时间不能满足用户紧急需要的。

4）不能事先计算出价格总额的。

（4）单一来源采购

符合下列情形之一的货物或服务，可以采用单一来源方式采购：

1）只能从唯一供应商处采购的。

2）发生不可预见的紧急情况不能从其他供应商处采购的。

3）必须保证原有采购项目一致性或服务配套的要求，需要继续从原供应商处添购且添购资金总额不超过原合同采购金额 10% 的。

（5）询价

采购的货物规格、标准统一，现货货源充足且价格变化幅度小的政府采购项目，可以采用询价方式采购。

3. 政府采购合同

政府采购合同应当采用书面形式。采购人可以委托采购代理机构代表与供应商签订政府采购合同。由采购代理机构以采购人名义签订合同的，应当提交采购人的授权委托书，作为合同附件。经采购人同意，中标、成交供应商可依法采取分包方式履行合同。政府采购合同履行中，采购人需追加与合同标的相同的货物、工程或服务的，在不改变合同其他条款的前提下，可以与供应商协商签订补充合同，但所有补充合同的采购金额不得超过原合同采购金额的 10%。

2.4.2　《中华人民共和国价格法》

《中华人民共和国价格法》中的价格包括商品价格和服务价格。大多数商品和服务价格实行市场调节价，只有极少数商品和服务价格实行政府指导价或政府定价。我国的价格管理机构是县级以上各级政府价格主管部门和其他有关部门。

1. 经营者的价格行为

（1）经营者权利

经营者享有如下权利：

1）自主制定属于市场调节的价格。

2）在政府指导价规定的幅度内制定价格。

3）制定属于政府指导价、政府定价产品范围内的新产品的试销价格，特定产品除外。

4）检举、控告侵犯其依法自主定价权利的行为。

（2）经营者违规行为

经营者不得有下列不正当行为：

1）相互串通，操纵市场价格，侵害其他经营者或消费者的合法权益。

2）除降价处理鲜活商品、季节性商品、积压商品外，为了排挤对手或独占市场，以低于成本的价格倾销，扰乱正常的生产经营秩序，侵害国家利益或者其他经营者的合法权益。

3）捏造、散布涨价信息，哄抬价格，推动商品价格过高上涨。

4）利用虚假或使人误解的价格手段，诱骗消费者或者其他经营者与其进行交易。

5）提供相同商品或者服务对具有同等交易条件的其他经营者实行价格歧视等。

2. 政府的定价行为

（1）政府定价的商品

下列商品和服务价格，政府在必要时可以实行政府指导价或政府定价：

1）与国民经济发展和人民生活关系重大的极少数商品价格。

2）资源稀缺的少数商品价格。

3）自然垄断经营的商品价格。

4）重要的公用事业价格。

5）重要的公益性服务价格。

（2）定价目录

政府指导价、政府定价的定价权限和具体适用范围，以中央和地方的定价目录为依据。中央定价目录由国务院价格主管部门制定、修订，报国务院批准后公布。地方定价目录由省、自治区、直辖市人民政府价格主管部门按照中央定价目录规定的定价权限和具体适用范围制定，经本级人民政府审核同意，报国务院价格主管部门审定后公布。省、自治区、直辖市人民政府以下各级地方人民政府不得制定定价目录。

（3）定价依据

制定政府指导价、政府定价应当依据有关商品或者服务的社会平均成本和市场供求状况、国民经济与社会发展要求以及社会承受能力，实行合理的购销差价、批零差价、地区差价和季节差价。制定关系群众切身利益的公用事业价格、公益性服务价格、自然垄断经营的商品价格时，政府价格主管部门和其他有关部门制定政府指导价、政府定价，应当开展价格成本调查，听取消费者、经营者和有关方面的意见。

3. 价格总水平调控

当重要商品和服务价格显著上涨或者有可能显著上涨，国务院和省、自治区、直辖市人民政府可以对部分价格采取限定差价率或者利润率、规定限价、实行提价申报制度和调价备案制度等干预措施。省、自治区、直辖市人民政府采取前款规定的干预措施时，应当报国务院备案。

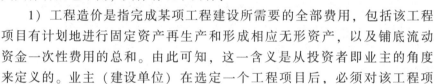

第**3**章 工程造价概述

3.1 工程造价的概念

1. 工程造价概述

工程造价是指拟建工程的建造价格。由于当事人所处的角度不同，其具体含义也不同，具体有以下两种：

1）工程造价是指完成某项工程建设所需要的全部费用，包括该工程项目有计划地进行固定资产再生产和形成相应无形资产，以及铺底流动资金一次性费用的总和。由此可知，这一含义是从投资者即业主的角度来定义的。业主（建设单位）在选定一个工程项目后，必须对该工程项目的可行性研究与评估进行决策，在此基础上再进行设计招标、工程施工招标直至竣工验收及决算等一系列投资管理活动。所有这些开支就构成了工程造价。从业主（建设单位）的角度来讲，工程造价就是指建设工程项目固定资产所需的全部投资费用。

音频 3-1：装饰装修工程造价

2）工程造价是指一项建设工程项目的建造价格（费用），包括建成该项工程所预计或实际在承包市场、技术市场、劳务市场和设备市场等交易活动中所形成的建筑安装工程的建造价格或建设工程项目建造的总价格。由此可知，这一含义是从建筑企业即从承包商的角度来定义的，而其含义是以社会主义商品经济和市场经济为前提的，它是以建设工程这种特定的建筑商品形式作为交换对象，并通过工程项目施工招标投标、承发包或其他交易形式，在进行多次估算或预算的基础上，由市场最终所形成或决定的价格。通常把这种工程造价的含义又认定为建设工程的承发包价格。

上述两种工程造价的含义是从不同角度对同一事物本质的表述。对业主（建设单位）来讲，工程造价就是"购买"工程项目所付出的价格，也是市场需求主体的业主（建设单位）"购买"工程项目时定价的基础。对承包商来讲，工程造价是承包商通过市场提供给需求主体（业主）出售建筑商品和劳务价格的总和，即建筑安装工程造价。

2. 工程造价的基本特点

由于建设工程项目和建设过程的特殊性，其工程造价具有以下几方面特点：

（1）工程造价的个体性和差异性

每项建设工程项目都有特定的规模、功能和用途。因此，对每项建设工程项目的立面造型、主体结构、内外装饰、工艺设备和建筑材料都有具体的要求，这就使建设工程项目的实物形态千姿百态、千差万别，再由于不同地区投资费用构成中各种价格要素的差异，从而导致了工程造价的个体性和差异性。

（2）工程造价的高额性

建设工程项目不仅实物体型庞大，而且工程造价费用高昂，动辄数百万或数千万元人民币，特大建设工程项目的工程造价可达数十亿或数百亿元人民币。因此，工程造价的高额性，决定了工程造价的特殊性质，它不仅关系到各方面的经济利益，而且对宏观经济也会产生重大影响，这也说明了工程造价管理的重要性。

（3）工程造价的层次性

建设工程一般由建设项目、单项工程和单位工程三个主要层次构成，如某个建设工程项目（某工厂）是由若干个单项工程（主厂房、仓库、办公楼、宿舍楼等）构成，一个单项工程又由若干个单位工程（土建工程、管道安装工程、电气安装工程等）组成。建设工程项目的层次性也就决定了工程造价的层次性，因此，与此相对应，工程造价也有主要的三个层次，即建设工程项目总造价、单项工程造价和单位工程造价。

（4）工程造价的多变性

在社会主义市场经济的条件下，任何商品价格都不是一成不变的，其价格总是处于动态而不断变化的。一项建设项目从投资决策直到竣工交付使用都有一个较长的建设周期，在这期间存在许多影响工程造价的多变因素，如人工工资标准、材料设备价格、各项取费费率、利率等都会发生变化，这些多变因素直接影响到工程造价。因此，在工程竣工结（决）算时应充分考虑这些多变因素的影响，以便正确计算和确定实际的工程造价。

3. 工程造价的基本职能

（1）评价职能

工程造价是评价总投资和分项投资合理性和投资效益的主要依据之一。在评价土地价格、建筑安装产品和设备价格的合理性时，就必须利用工程造价资料，在评价建设项目偿贷能力、获利能力和宏观效益时，也可依据工程造价。工程造价也是评价建筑安装企业管理水平和经营成果的重要依据。

（2）调控职能

国家对建设规模、结构进行宏观调控是在任何条件下都不可或缺的，对政府投资项目进行直接调控和管理也是必需的。这些都要用工程造价作为经济杠杆，对工程建设中的物资消耗水平、建设规模、投资方向等进行调控和管理。

（3）预测职能

无论投资者或是建筑商都要对拟建工程进行预先测算。投资者预先测算工程造价不仅可以作为项目决策依据，同时也是筹集资金、控制造价的依据。承包商对工程造价的预算，既为投标决策提供依据，也为投标报价和成本管理提供依据。

（4）控制职能

工程造价的控制职能表现在以下两方面：一方面是它对投资的控制，即在投资的各个阶段，根据对造价的多次性预算和评估，对造价进行全过程多层次的控制；另一方面，是对以承包商为代表的商品和劳务供应企业的成本控制。

3.2 工程造价的构成

工程造价的构成主要有建筑安装工程费用，设备及工、器具购置费用，工程建设其他费用，预备费，建设期贷款利息以及固定资产投资方向调节税等。如图3-1所示。

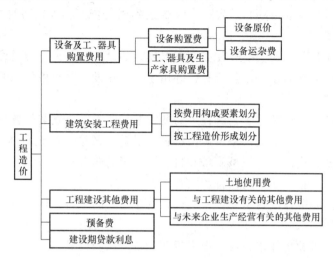

图 3-1　工程造价的组成

1. 建筑工程费用

建筑工程费用包括以下几方面：

1）一般土建工程费用。它是指生产项目的各种厂房、辅助和公用设施的厂房，以及非生产性的住宅、商店、机关、学校、医院等工程中的房屋建设费用，房屋及构筑物的金属结构工程费用。

2）卫生工程费用。它是指生产性和非生产性工程项目中的室内外给水排水、采暖、通风、民用煤气管道工程费用。

3）工业管道工程费用。它是指工业生产用的蒸气、煤气、生产用水、压缩空气和工艺物料输送管道工程等费用。

4）各种工业炉的砌筑工程费用。如锅炉、高炉、平炉、加热炉、石灰窑等砌筑工程费用。

5）特殊构筑物工程费用。其包括设备基础、烟囱和烟道、栈桥皮带通廊、漏斗、贮仓、桥梁、涵洞等工程费用。

6）电气照明工程费用。其包括室内电气照明、室外电气照明及线路、照明变配电工程费用。

7）大规模平整场地和土石方工程、围墙大门、广场、道路、绿化工程等费用。

8）采矿的井巷掘进及剥离工程等费用。

9）特殊工程费用。如人防工程及地下通道工程等费用。

2. 设备安装工程费用

建设工程中大部分设备需要将其整个或部分装配起来，并安装在其基础或支架上才能发挥效能，在安装这些设备过程中所支出的费用称为设备安装工程费用。

设备安装工程费用包括动力、电信、起重、运输、医疗、试验等设备本体的安装工程，与设备相连的工作台、梯子等的装设工程，附属于被安装设备的管线敷设工程，被安装设备的绝缘、保温和油漆工程，为测定设备安装工程质量对单个设备进行无负荷试车的费用等。

3. 设备购置费用

设备购置费用是指为建设项目购置或自制的达到固定资产标准的各种国产或进口设备、工具、器具的购置费用。

在建设工程施工中，一切需要安装或不需要安装的设备，必须经过建设单位采购，才能把工业部门生产的产品转为建设单位所有，并用于工程建设。建设单位采购这些设备支出的费用称为设备采购费。

设备购置费包括各工程项目工艺流程中需要安装的和不需要安装的各种设备购置，例如生产、动力、起重、运输、通信设备，矿山机械、破碎、研磨、筛选设备，机械维修设备，化工设备，试验设备，产品专用模型设备和自控设备等的购置费等。

设备购置费用还包括一切备用设备的购置费；实验室及医疗室设备的购置费；利用旧有设备时，设备部件的修配与改造费用；有关设备本体需要的材料，如卷扬机的钢丝绳、球磨机的钢球等的购置费。

设备购置费由设备原价或进口设备抵岸价和设备运杂费构成，即

$$设备购置费 = 设备原价或进口设备抵岸价 + 设备运杂费 \tag{3-1}$$

式（3-1）中，设备原价是指国产标准设备、非标准设备的原价。设备运杂费是指设备原价以外的关于设备采购、运输、运输保险、途中包装、装卸及仓库保管等方面支出费用的总和。如果设备是由设备公司成套供应的，设备公司的服务费也应计入设备运杂费之中。

设备运杂费按设备原价乘以设备运杂费费率计算，即

$$设备运杂费 = 设备原价 \times 设备运杂费费率 \tag{3-2}$$

设备运杂费费率按各部门及省、市的规定计取。

一般来讲，沿海和交通便利的地区，设备运杂费费率相对低一些；内地和交通不是很便利的地区就要相对高一些，边远省份则要更高一些。对于非标准设备来讲，应尽量就近委托设备制造厂，以大幅度降低设备运杂费。进口设备由于原价较高，国内运距较短，因而运杂费费率应适当降低。

4. 工具、器具及生产家具购置费用

工具、器具及生产家具购置费用是指为保证企业第一个生产周期正常生产所必须购置的没有达到固定资产标准的工具、器具和生产家具所支出的费用。

工具一般是指钳工及锻工工具，冷冲及热冲模具，切削工具，磨具、量具、工作台，翻砂用模型等。

器具一般是指车间和实验室等所应配备的各种物理仪器、化学仪器、测量仪器、绘图仪器等。

生产家具一般是指为保障生产正常进行而配备的各种生产用及非生产用的家具，如踏脚板、工具柜、更衣箱等。

工具、器具及生产家具购置费用中不包括备品备件的购置费。该费用应随同有关设备列在设备购置费用中。

工具、器具及生产家具购置费是指按照有关规定，为保证初期正常生产必须购置的没有达到固定资产标准的设备、仪器、工卡模具、器具、生产家具的购置费用。一般以设备购置费为计算基数，按照部门或行业规定的工具、器具及生产家具费率计算。计算公式为

$$工具、器具及生产家具购置费 = 设备购置费 \times 定额费率 \tag{3-3}$$

5. 工程建设其他费用

工程建设其他费用，是指从工程筹建起到工程竣工验收交付使用止的整个建设期间，除建筑安装工程费用和设备及工、器具购置费用以外的，为保证工程建设顺利完成和交付使用后能够正常发挥效用而发生的各项费用。

工程建设其他费用，按其内容大体可分为三类：第一类是指土地使用费；第二类是指与工程建设有关的其他费用；第三类是指与未来企业生产经营有关的其他费用。此外，建设项目总投资中还包括预备费、建设期贷款利息、固定资产投资方向调节税。

3.3　工程造价费用

3.3.1　装饰装修工程费用构成

装饰装修工程费用按国家现行规定，由直接费用、间接费用、利润、其他费用和税金五部分构成，每个部分又包括许多内容。

1. 直接费用

直接费用是指根据各地区编制的现行建筑装饰工程预算定额或单位估价表所计算的工人费、材料费和施工机械使用费等的合计值，是耗费的构成工程实体的费用。直接费用包括直接工程费和措施费。

1）人工费。它是指直接从事装饰装修工程施工的工人（包括现场运输等辅助工人）和附属生产工人的基本工资、工资性补贴、辅助工资、职工福利费和劳动保护费。但不包括材料保管人员、采购人员、运输人员、机械操作人员和施工管理人员的工资，这些人员的工资分别计入其他有关的费用中。

2）材料费。它是指完成装饰装修工程所消耗的材料、零件、成品和半成品的费用。

3）施工机械使用费。装饰装修工程施工机械使用费是指装饰装修工程施工中所使用各种机械费用的总称，但不包括施工管理和实行独立核算的加工厂所需的各种机械的费用。

4）措施费。它是指为完成工程项目施工，发生于该工程施工前和施工过程中非工程实体项目的费用。

2. 间接费用

间接费用由规费和企业管理费组成。

1）规费。它是指政府和有关权力部门规定必需缴纳的费用。

2）企业管理费。它是指建筑安装企业组织施工生产和经营管理所需费用。

3. 利润

利润是指施工企业完成所承包工程获得的盈利。

4. 其他费用

其他费用有暂列金额、专业工程暂估价、计日工和总承包服务费等。

5. 税金

税金是指企业发生的除企业所得税和允许抵扣的增值税以外的各项税金及其附加。通常包括纳税人按规定缴纳的消费税、营业税、城市维护建设税、资源税和教育费附加等，以及发生的土地使用税、车船税、房产税、印花税等。企业缴纳的房产税、车船税、土地使用税、印花税等，已经计入管理费用中扣除的，不再作为销售税金单独扣除。企业缴纳的增值税因其属于价外税，故不在扣除之列。

3.3.2 装饰装修工程费用计取方法

装饰装修是为保护建筑物的主体结构，完善建筑物的使用功能与美化建筑物，采用装饰装修材料或装饰物对建筑物的内外表面及空间进行各种处理的过程。其计取方法及公式如下。

1. 环境保护费

$$环境保护费=直接工程费×环境保护费费率(\%) \tag{3-4}$$

$$环境保护费费率=本项费用年度平均支出÷[全年建安产值×直接工程费占总造价比率(\%)] \tag{3-5}$$

2. 文明施工费

$$文明施工费=直接工程费×文明施工费费率(\%) \tag{3-6}$$

$$文明施工费费率=本项费用年度平均支出÷[全年建安产值×直接工程费占总造价比率(\%)] \tag{3-7}$$

3. 安全施工费

$$安全施工费=直接工程费×安全施工费费率(\%) \tag{3-8}$$

$$安全施工费费率=本项费用年度平均支出÷[全年建安产值×直接工程费占总造价比率(\%)] \tag{3-9}$$

4. 临时设施费

$$临时设施费=(周转使用临建费+一次性使用临建费)×[1+其他临时设施所占比例(\%)] \tag{3-10}$$

$$周转使用临建费=\Sigma\{[(临建面积×每平方米造价)÷使用年限×365×利用率(\%)]× 工期(天)\}+一次性拆除费 \tag{3-11}$$

$$一次性使用临建费=\Sigma 临建面积×每平方米造价×[1-残值率(\%)]+一次性拆除费 \tag{3-12}$$

5. 夜间施工增加费

$$夜间施工增加费=(1-合同工期定额工期)×直接工程费中的人工费合计÷ 平均日工资单价×每工日夜间施工费开支 \tag{3-13}$$

6. 二次搬运费

$$二次搬运费=直接工程费×二次搬运费费率(\%) \tag{3-14}$$

$$二次搬运费费率=年度平均二次搬运费开支额÷全年建安产值×直接工程费占总造价比率(\%) \tag{3-15}$$

7. 大型机械进出场及安拆费

$$大型机械进出场及安拆费=一次进出场及安拆费×年平均安拆次数÷年工作台班 \tag{3-16}$$

8. 模板及支架费

$$模板及支架费=模板摊销量×模板价格+支、拆、运输费 \tag{3-17}$$

$$模板摊销量=一次使用量×(1+施工损耗)×[1+(周转次数-1)×$$
$$补损率/周转次数-(1-补损率)50\%÷周转次数] \tag{3-18}$$
$$租赁费=模板使用量×使用日期×租赁价格+支、拆、运输费 \tag{3-19}$$

9. 脚手架搭拆费

$$脚手架搭拆费=脚手架摊销量×脚手架价格+搭、拆、运输费 \tag{3-20}$$
$$脚手架摊销量=单位一次使用量×(1-残值率)/(耐用期÷一次使用期) \tag{3-21}$$
$$租赁费=脚手架每日租金×搭设周期+搭、拆、运输费 \tag{3-22}$$

10. 已完工程及设备保护费

$$已完工程及设备保护费=成品保护所需机械费+材料费+人工费 \tag{3-23}$$

11. 排水降水费

$$排水降水费=Σ排水降水机械台班费×排水降水周期+排水降水使用材料费+人工费$$
$$\tag{3-24}$$

$$设备购置费=设备原价+设备运杂费 \tag{3-25}$$
$$材料费=材料净重×(1+加工损耗系数)×每吨材料综合价 \tag{3-26}$$
$$加工费=设备总重量(吨)×设备每吨加工费 \tag{3-27}$$
$$辅助材料费=设备总重量×辅助材料费指标 \tag{3-28}$$

3.3.3　装饰装修工程造价（费用）计算程序

1. 概述

工程造价（费用）计算程序是指根据商品的经济规律和国家法律法规及有关规定，计算建筑安装产品造价的有规律的步骤。

费用项目、计算基础和费率是工程造价费用计算程序的三要素。

（1）费用项目

费用项目要按照国家有关规定确定，每一个时期规定的项目都不一样，例如，住房和城乡建设部和财政部共同颁发的《建筑安装工程费用项目组成》（建标〔2013〕44 号）文件，就规定了 2013 年以后，建筑安装造价就要按此费用划分计算。

2016 年 5 月 1 日，根据财政部、国家税务总局《关于全面推开营业税改增值税试点的通知》（财税〔2016〕36 号）和住房和城乡建设部《关于做好建筑业营改增建设工程计价依据调整准备工作的通知》（建办标〔2016〕4 号）文件规定，开始实施"营改增"后建筑安装造价计算的新费用划分项目。

（2）费用计算基础

工程造价各项费用计算基础一般可以选择三种方法：①以直接费为计算基础。②以人工费为计算基础。③以人工费与机械费之和为计算基础。

装饰装修工程造价的各项费用计算以人工费为计算基础。

（3）费率

当费用项目和计算基础确定后，还要确定对应费用项目的费率。一般情况下，费用项目的费率是由工程造价行政主管部门发文规定的。

2. 装饰装修工程造价（费用）计算程序

装饰装修工程造价（费用）计算程序见表 3-1。

表 3-1　装饰装修工程造价费用计算程序

序号	费用项目			计算基础	计算式
1	分部分项工程费	人工费		—	定额直接费=Σ(分部分项工程量×定额基价+分部分项工程量未计价材料量×材料单价)
		材料费	计价材料费		
			未计价材料费		
		机械(具)费			
		企业管理费		定额人工费	定额人工费×企业管理费费率
		利润		定额人工费	定额人工费×利润率
2	措施项目费	单价措施项目	人工费	—	定额直接费=Σ(单价措施项目工程量×定额基价)
			材料费		
			机械(具)费		
			企业管理费	单价措施项目定额人工费	单价措施项目定额人工费消耗企业管理费费率
			利润	单价措施项目定额人工费	单价措施项目定额人工费×利润率
		总价措施	安全文明施工费	分部分项工程定额人工费+单价措施项目定额人工费	(分部分项工程定额人工费+单价措施项目定额人工费)×措施费费率
			夜间施工增加费		
			二次搬运费		
			冬雨期施工增加费		
3	其他项目费	总承包服务费		分包工程造价	分包工程造价×费率
		暂列金额		根据施工承包合同约定项目或根据招标工程量清单列出的项目计算	
		暂估价			
		计日工			
4	规费	社会保险费		分部分项工程定额人工费+单价措施项目定额人工费	(分部分项工程定额人工费+单价措施项目定额人工费)×费率
		住房公积金			
		工程排污费			
5	税金	税金		税前造价	税前造价×税率

工程造价=序1+序2+序3+序4+序5

3.4　工程计量与计价原理

3.4.1　工程计量

1. 一般规定

1) 正确的计量是发包人向承包人支付合同价款的前提和依据,因此计价规范规定: "工程量必须按照相关工程现行国家计量规范规定的工程量计算规则计算。" 这就明确了不论采用何种计价方式,其工程量必须按照相关工程的现行国家计量规范规定的工程量计算规则计算。采用统一的工程量计算规则，对于规范工程建设各方的计量计价行为，有效减少计量争议具有重要意义。

2）选择恰当的工程计量方式对于正确计量十分必要。由于工程建设具有投资大、周期长等特点，因此计价规范规定："工程计量可选择按月或按工程形象进度分段计量，当采用分段结算方式时，应在合同中约定具体的工程分段划分界限。"按工程形象进度分段计量与按月计量相比，其计量结果更具稳定性，可以简化竣工结算。但应注意工程形象进度分段的时间应与按月计量保持一定关系，不应过长。

3）因承包人原因造成的超出合同工程范围施工或返工的工程量，发包人不予计量。

4）成本加酬金合同应按单价合同的规定计量。

2. 工程计量的原则

1）按合同文件中约定的方法进行计量。

2）按承包人在履行合同义务过程中实际完成的工程量计量。

3）对于不符合合同文件要求的工程，承包人超出施工图范围或因承包人原因造成返工的工程量，不予计量。

4）若发现工程量清单中出现漏项、工程量计算偏差，以及工程变更引起工程量的增减变化，应据实调整，正确计量。

3. 工程计量的依据

计量依据一般有质量合格证书、工程量清单计价规范、技术规范中的"计量支付"条款和设计图。计量时必须以上述资料为依据。

（1）质量合格证书

工程计量必须与质量管理紧密配合，对于承包商已完成的工程，经过专业工程师检验，工程质量达到合同规定的标准后，由专业工程师签署报验申请表（质量合格证书），才可予以计量，并不是全部进行计量。质量管理是计量管理的基础，计量又是质量管理的保障，通过计量支付强化承包商的质量意识。

（2）工程量清单计价规范和技术规范

工程量清单计价规范和技术规范是确定计量方法的依据，因为工程量清单计价规范和技术规范的"计量支付"条款规定了清单中每一项工程的计量方法，同时还规定了按规定的计量方法确定的单价所包括的工作内容和范围。

例如，某省建设工程公共专业消耗量定额及基价表中规定：基槽土方工程量按加宽工作面及放坡系数考虑计算其体积；而清单计价规范规定按设计图示尺寸以基础垫层底面面积乘以挖土深度计算。这两者之间是有区别的，不能混淆，如图 3-2 所示。《建设工程工程量清单计价规范》（GB 50500—2013）将"按照现行工程量清单计价规范规定的工程量计算规则计算"列为强制性条文，应严格执行。

（3）设计图

单价合同以实际完成的工程量进行结算，凡是被工程师计量的工程数量，并不一定是承包商的实际

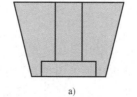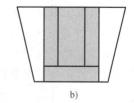

图 3-2　某定额与清单规范的计算规则不同

a）某定额考虑工作面与放坡系数计算基槽面积

b）清单规范不考虑工作面与放坡系数计算基槽面积

施工数量。计量的几何尺寸要以设计图为依据，工程师对承包商超出设计图要求增加的工程量和自身原因造成返工的工程量，不予计量。

例如，在某工程中灌注桩的计量支付条款中规定按照设计图以延米计量，其单价包括所有材料及施工的各项费用。根据这个规定，如果承包人做了35m的灌注桩，而桩的设计长度为30m，则只计量30m，发包人按30m付款；承包人多做的5m灌注桩所消耗的钢筋及混凝土材料，发包人不予补偿。

4. 单价合同的计量

工程量必须以承包人完成合同工程应予计量的工程量确定。施工中进行工程量计量时，当发现招标工程量清单中出现缺项、工程量偏差，或因工程变更引起工程量增减时，应按承包人在履行合同义务中实际完成的工程量计量。

（1）计量程序

关于单价合同的计量程序，《建设工程施工合同示范文本》（GF—2013—0201）中有如下规定：

1）承包人应于每月25日向监理人报送上月20日至当月19日已完成的工程量报告，并附具进度付款申请单、已完成工程量报表和有关资料。

2）监理人应在收到承包人提交的工程量报告后7天内完成对承包人提交的工程量报表的审核并报送发包人，以确定当月实际完成的工程量。监理人对工程量有异议的，有权要求承包人进行共同复核或抽样复测。承包人应协助监理人进行复核或抽样复测，并按监理人要求提供补充计量资料。承包人未按监理人要求参加复核或抽样复测的，监理人复核或修正的工程量视为承包人实际完成的工程量。

3）监理人未在收到承包人提交的工程量报表后的7天内完成审核的，承包人报送的工程量报告中的工程量视为承包人实际完成的工程量，据此计算工程价款。同时，《建设工程工程量清单计价规范》（GB 50500—2013）还有如下规定：发包人认为需要进行现场计量核实时，应在计量前24h通知承包人，承包人应为计量提供便利条件并派人参加。双方均同意核实结果时，则双方应在上述记录上签字确认。承包人收到通知后不派人参加计量，视为认可发包人的计量核实结果。发包人不按照约定时间通知承包人，致使承包人未能派人参加计量，计量核实结果无效。当承包人认为发包人核实后的计量结果有误时，应在收到计量结果通知后的7天内向发包人提出书面意见，并附上其认为正确的计量结果和详细的计算资料。发包人收到书面意见后，应在7天内对承包人的计量结果进行复核后通知承包人。承包人对复核计量结果仍有异议的，按照合同约定的争议解决办法处理。承包人完成已标价工程量清单中每个项目的工程量并经发包人核实无误后，发承包人应对每个项目的历次计量报表进行汇总，以核实最终结算工程量，并应在汇总表上签字确认。

（2）计量方法。

相关工程工程量应当按照现行国家计量规范规定的工程量计算规则计算。工程可选择按月或按工程形象进度分段计量，具体计量周期在合同中约定。因承包人原因造成的超出合同工程范围施工或返工的工程量，发包人不予计量。通常区分单价合同和总价合同规定不同的计算方法，成本加酬金合同按照单价合同的讲师规定进行计量。

5. 总价合同的计量

总价合同的计量活动非常重要。采用工程量清单方式招标形成的总价合同，其工程量的计算与上述单价合同的工程量计量规定相同。采用经审定批准的施工图及其预算方式发包形成的总价合同，除按照工程变更规定的工程量增减外，总价合同各项目的工程量应为承包人用于结算的最终工程量。另外，总价合同约定的项目计量以合同工程经审定批准的施工图为依据，发承包双方应在合同中约定工程计量的形象目标或事件节点进行计量。

音频 3-2：总价
合同的计量

3.4.2　工程计价

1. 工程计价的概念

工程计价是指按照规定的程序、方法和依据，对工程建设项目及其对象，即各种建筑物和构筑物建造费用的计算，也就是工程造价的计算。

音频 3-3：工程
计价的含义

工程计价伴随整个工程建设的全过程，从项目筹建到项目竣工验收，在各个建设阶段都对应有各自不同的计价。如初步设计阶段的设计概算、施工图设计阶段的预算等。由项目筹备初期项目建议书阶段编制的工程估价到工程建设后期的竣工验收阶段编制的竣工结算，工程计价是一个由粗到细、由浅入深、由不精确到精确的过程，直至竣工验收后才能完全确定工程的实际价格。在各个不同阶段，不同的计价主体有着不同的计价目的，其具体内容及计价方法都会有所差异。工程计价是一个表述工程造价计算及其过程的完整概念。

工程计价不仅是工程建设中业主方、承包方等项目参与方的工作，它还包括工程投资费用、工程价格的管理所涉及的投资管理和价格管理体系，因此政府主管部门要在国家利益的基础上进行宏观的指导和管理工作；行业协会和中介机构要从技术角度进行专业化的业务指导和管理。工程计价管理是一项复杂的管理活动，涵盖了对未来工程造价计价方法的预测、优化、计算、分析等众多活动。

工程建设是指为了国民经济各部门的发展和人民物质文化生活水平的提高而进行的有组织、有目的的投资兴建固定资产的经济活动，即建造、购置和安装固定资产的活动以及与之相联系的其他工作。工程建设是实现固定资产再生产的一种经济活动。

2. 工程计价的基本原理

由于建设工程项目的技术经济特点（如单件性，体积大，生产周期长，价值高以及交易在先、生产在后等特点），使得建设项目工程造价形成的过程和机制与其他商品不同。工程项目是单件性与多样性组成的集合体。每一个工程项目的建设都需要按业主的特定需要进行单独设计、单独施工，不能批量生产和按整个工程项目确定价格，只能采用特殊的计价程序和计价方法，即将整个项目进行分解，划分为可以按有关技术经济参数测算价格的基本单元子项或称分项工程。这是既能够用较为简单的施工过程生产出来，又可以用适当的计量单位计算并便于测定或计算的工程的基本构造要素。工程计价的主要特点是按工程分解结构进行，将这个工程分解至基本项就可以容易地计算出基本子项的费用。一般来讲，分解结构层次越多，基本子项越细，计算越精确。

任何一个建设项目都可以分解为一个或几个单项工程。单项工程是能够发挥效用的完整的建筑安装产品。任何一个单项工程都是由一个或几个单位工程所组成的，作为单位工程的各类建筑工程和安装工程仍然是一个比较复杂的综合实体，还需要进一步分解。就建筑工程来讲，包括的单位工程有一般土建工程、给水排水工程、暖通工程、电气照明工程、室外环境工程、道路工程以及单独承包的建筑装饰工程等。单位工程若是细分，又是由许多结构构件、部件、成品与半成品等所组成的。

对于房屋建筑的一般土建单位工程分解成分部工程，虽然每一部分都包括不同的结构和装修内容，但是从建筑工程计价的角度来看，还需要把分部工程按照不同的施工方法、构造及规格，加以更为细致的分解，划分为更为简单细小的部分。经过这样逐步分解到分项工程后，就可以得到基本构造要素。找到了适当的计量单位，找到其当时当地的单价，就可以采取一定的计价方法进行分项、分部组合汇总，计算出工程的总造价。

工程造价的计算从分解到组合的特征是和建设项目的组合性有关的。一个建设项目是一个工程综合体。这个综合体可以分解为许多有内在联系的独立和不能独立的工程，建设项目的工程造价计价过程就是一个逐步组合的过程。

3.5　工程定额与工程量清单编制

3.5.1　工程定额编制

1. 定额编制的原则

（1）水平合理的原则

定额水平是指规定生产单位合格产品所消耗的物化劳动和活劳动的必要额度。

定额水平应反映社会的平均水平，体现社会必要劳动的消耗量，也就是，在正常施工条件下，大多数工人和企业能够达到和超过的水平，既不能采用少数先进生产者、先进企业所达到的水平，也不能以落后的生产者和企业的水平为依据。

定额水平要与建设阶段相适应，前期阶段（如可行性研究和初步设计阶段）定额水平宜反映平均水平，还要留有适当的余度；而用于投标报价的定额水平宜具有竞争力，合理反映企业的技术、装备和经营管理水平。

（2）基本准确的原则

定额是对千差万别的个别实践进行概括、抽象、总结出一般的数量标准。因此，定额的"准"是相对的，定额的"不准"是绝对的。所以不能要求定额编得与自身的实际完全一致，只能要求基本准确。定额项目（节目、子目）按影响定额的主要参数划分，粗细应恰当，步距要合理。定额计量单位和调整系数的设置应科学。

（3）简明实用的原则

在保证基本准确的前提下，定额项目不宜过细、过繁，步距不宜太小、太密，对于影响定额的次要参数可采用调整系数等办法简化定额项目，做到粗而准确，细而不繁，便于使用。

2. 定额编制的方法

编制定额的基本方法有结构计算法、技术测定法、经验估算法和统计分析法。这些方法各有其自身的优缺点，实际应用中常将几种方法结合起来使用。

（1）结构计算法

结构计算法是一种按照现行设计和施工规范要求，进行结构计算，确定材料用量、人工及施工机械台班（时）定额的方法。这种方法比较科学，计算工作量大，而且人工和台班（时）必须根据实际资料推算而定。

（2）技术测定法

技术测定法是根据现场测定资料制定定额的一种科学方法。其基本方法是：首先对施工过程和工作时间进行科学分析，拟定合理的施工工序，然后在施工实践中对各个工序进行实测、查定，从而确定在合理的生产组织措施下的人工、机械台班（时）和材料消耗定额。这种方法具有充分的技术依据，合理性及科学性较强，但工作量大、技术复杂，普遍推广应用有一定的难度，可是对关键性的定额项目却必须采用这种方法。

（3）经验估算法

经验估算法又称调查研究法。它是根据定额编制专业人员、工程技术人员和操作工人以往的实际施工及操作经验，对完成某一建筑产品分部工程所需消耗的人力、物力（材料、机械等）的数量进行分析、估计，并最终确定定额标准的方法。这种方法技术简单、工作量小、速度快，但精确性较差，往往缺乏科学的计算依据，对影响定额消耗的各种因素缺乏具体分析，易受人为因素的影响。

（4）统计分析法

统计分析法是根据施工实际中的人工、材料、机械台班（时）消耗和产品完成数量的统计资料，经科学的分析、整理，剔去其中不合理的部分后，拟定成定额。这种方法简便，只需对过去的统计资料加以分析整理，就可以推算出定额指标。但由于统计资料不可避免地包含着施工生产和经营管理上的不合理因素和缺点，它们会在不同程度上影响定额的水平，降低定额工作的质量。因此，这种方法只适用于某些次要的定额项目以及某些无法进行技术测定的项目。

3.5.2 工程量清单编制

1. 一般规定

1）招标工程量清单应由具有编制能力的招标人或受其委托具有相应资质的工程造价咨询人或招标代理人编制。

上述规定了招标人应负责编制工程量清单，若招标人不具有编制工程量清单的能力，根据《工程造价咨询企业管理办法》（原建设部第 149 号令）的规定，可委托具有工程造价咨询资质的工程造价咨询企业编制。

2）采用工程量清单方式招标，招标工程量清单必须作为招标文件的组成部分，其准确性和完整性由招标人负责。

① 上述规定为强制性条文，必须严格执行。

② 工程施工招标发包可采用多种方式，但采用工程量清单方式发包，招标人必须将工程量清单作为招标文件的组成部分，连同招标文件一并发（售）给投标人。

③ 招标人对编制的工程量清单的准确性（数量）和完整性（不缺项、漏项）负责，如委托工程造价咨询人编制，其责任仍由招标人承担。

④ 投标人依据工程量清单进行投标报价，对工程量清单不负有核实义务，更不具有修改和调整的权利。

3）招标工程量清单是工程量清单计价的基础，应作为编制招标控制价、投标报价、计算工程量、支付工程款、调整合同价款、办理竣工结算以及工程索赔等的依据之一。

4）招标工程量清单应以单位（项）工程为单位编制，由分部分项工程量清单、措施项目清单、其他项目清单、规费项目清单和税金项目清单组成。

5）工程量清单编制的原则：

① 符合四个统一。工程量清单编制必须符合四个统一的要求，即项目编码统一、项目名称统一、计量单位统一、工程量计算规则统一，并应满足方便管理、规范管理以及工程计价的要求。

② 遵守有关的法律、法规以及招标文件的相关要求。工程量清单必须遵守《中华人民共和国合同法》及《中华人民共和国招标投标法》的要求。建筑装饰装修工程工程量清单是招标文件的核心，编制清单必须以招标文件为准则。

③ 工程量清单的编制依据应齐全。受委托的编制人首先要检查招标人提供的图纸、资料等编制依据是否齐全。必要的情况下还应到现场进行调查取证。

④ 工程量清单编制力求准确合理。工程量的计算应力求准确，清单项目的设置力求合理，不漏、不重。此外，还应建立健全工程量清单编制审查制度，确保工程量清单编制的全面性、准确性和合理性，提高清单编制质量和服务质量。

2. 工程量清单的编制

（1）清单编制人

工程量清单由具有编制能力的招标人或委托给具有相应资质的工程造价咨询人编制，清单的准确性和完整性由招标人负责。

（2）清单编制的依据

编制的依据有：计价规范；工程量计价规范；国家及主管部门颁发的或行业规定的计价依据或办法；建设工程设计图和设计要求；相关的标准、规范及技术资料；招标文件及答疑记录；现场情况及常规施工方案；其他相关资料。

（3）工程量清单项目的设置

① 项目名称。原则上以形成的工程实体命名，不能重复，一个项目一个编码，对应一个综合单价。若有缺项，编制人可以根据相应原则进行补充，同时报当地工程造价部门备案。

② 项目编码。全国统一编码，用12位阿拉伯数字表示。一到九位为统一编码，其中，一位、二位为附录顺序码，三位、四位为专业工程顺序码，五位、六位为分部工程顺序码，七至九位为分项工程项目名称顺序码，十至十二位为清单项目名称顺序码（自行编制）。前九位编码不能变动，后三位清单项目名称顺序码，由清单编制人根据项目设置的清单项目情况编制。

③ 项目特征。项目特征是用来描述项目实体的，它直接影响实体的自身价值。项目特征主要是指工程所在的部位、施工工艺、材料品种、规格型号等特征。它是影响造价的因素，也是设置具体清单项目的依据。凡项目特征中未描述到的其他独有特征，若要列出，编制人必须准确地进行描述，否则将影响评价的正确性。

④ 计量单位。计量单位根据清单项目的形体特征和变化规律，以及能确切反映项目工料及机械消耗量等要求来进行选定。计价规范规定，清单项目能用物理计量单位计量的，用

法定计量单位计量；不能用物理计量单位计量的，根据其形体特征，用如个、块、根、套、座、组、处、项、系统等自然计量单位来表示。

⑤ 工作内容。工作内容是指完成该清单项目实体所涉及的相关工作或工程内容。计量规范规定的工程内容，清单编制人必须仔细描述，因为它是报标人计算该项工程综合单价的重要依据。

⑥ 工程量计算规则。工程量计算规范的计算规则，是以工程实体安装就位的净尺寸或加预留量来计算的，与国际通用做法（FIDIC）是一致的，规范中每一个清单项目均对应一个相应的工程量计算规则。

（4）清单的编制及审查

清单编制人严格按计量规范的"五统一（分部分项名称、项目编码、计量单位、特征描述、工程量计算规则）"进行编制。编完后应由编制单位部门负责人审校，或组织专业人员讨论定稿，然后由单位主管审核，最后交清单委托单位审查定案。无论谁审核或审查，必须严格按计价规范和计量规范要求进行审查，才能作为招标书内容。

3. 工程量清单编制的注意事项

1）分部分项工程量清单编制要求数量准确，避免错项、漏项。因为投标人是根据招标人提供的清单进行报价的，如果工程量不准确，报价也不可能准确。因此，清单编制完成以后，除编制人要反复校核外，还必须由其他人审核。

2）随着建设领域新材料、新技术、新工艺的出现，清单规范附录中缺项的项目，编制人可以作补充。

3）清单规范附录中的 9 位编码项目，有的涵盖面广，编制人在编制清单时要根据设计要求仔细分项。其宗旨就是要使清单项目名称具体化，以便于投标人报价。

4.1 施工图的一般规定

4.1.1 图线要求

为了使图纸主次分明，绘图时需要用不同规格的线宽和线型来表达设计的内容。常用线型有实线、虚线、单点长画线、双点长画线、波浪线和折断线。

线型与线宽

工程图由不同的线型构成，不同的图线可能代表不同的内容，也可以用来区分图中内容的主次。国标对线型和线宽做了相应的规定。一张图纸上一般要有三种线宽。每个图样应根据复杂程度与比例大小，先选定基本线宽 b，其他两种线宽分别是 $0.5b$ 和 $0.25b$，这样就形成粗线、中线和细线线宽组。线宽常用组合，见表 4-1。常用线型及用途，见表 4-2。

音频 4-1：图线的种类

表 4-1 线宽常用组合

线宽比	线宽组					
b	2.0	1.4	1.0	0.7	0.5	0.35
$0.5b$	1.0	0.7	0.5	0.35	0.25	0.18
$0.25b$	0.5	0.35	0.25	0.18	—	—

表 4-2 常用线型及用途

名称		线型	线宽	一般用途
实线	粗	———————	b	主要可见轮廓线
	中粗	———————	$0.7b$	可见轮廓线
	中	———————	$0.5b$	可见轮廓线、尺寸线、变更线
	细	———————	$0.25b$	图例填充线、家具线
虚线	粗	– – – – – –	b	参见相关专业制图标准
	中粗	– – – – – –	$0.7b$	不可见轮廓线
	中	– – – – – –	$0.5b$	不可见轮廓线、图例线
	细	– – – – – –	$0.25b$	图例填充线、家具线

（续）

名称		线型	线宽	一　般　用　途
单点长画线	粗	———·———·———	b	见各相关专业制图标准
	中	——·——·——·——	$0.5b$	见各相关专业制图标准
	细	——·——·——·——·——	$0.25b$	中心线、对称线、轴线等
双点长画线	粗	——··——··——··	b	见各相关专业制图标准
	中	——··——··——··——	$0.5b$	见各相关专业制图标准
	细	——··——··——··——	$0.25b$	假想轮廓线、成型前原始轮廓线
波浪线		～～～～	$0.25b$	断开界线
折断线		———⌇———	$0.25b$	断开界线

4.1.2　比例要求

绘制图样时所采用的比例是指图中图形与其实物相应要素的线性尺寸之比。在数学中，比例是一个总体中各个部分的数量占总体数量的比重，用于反映总体的构成或者结构。两种相关联的量，一种量变化，另一种量也随之变化。

比值为 1 的比例称为原值比例，比值大于 1 的比例称为放大比例，比值小于 1 的比例称为缩小比例。需要按比例绘制图样时，应从比例表规定的系列中选取适当的比例，见表 4-3。

表 4-3　比例

常见比例	1：1、1：2、1：5、1：10、1：20、1：50、1：100、1：150、1：200、1：500、1：1000、1：2000、1：5000、1：10000、1：20000、1：50000、1：100000、1：200000
可用比例	1：3、1：4、1：6、1：15、1：25、1：30、1：40、1：60、1：80、1：250、1：300、1：400、1：600

不论绘图比例如何，标注尺寸时必须标注工程形体的实际尺寸，如图 4-1 所示。

比例宜注写在图名的右侧，字的基准线应取平；比例的字高宜比图名的字高小一号或两号，如图 4-2 所示。

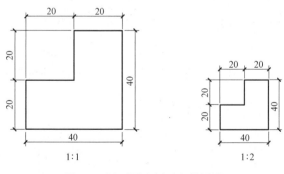

图 4-1　用不同比例画出的图形　　　　　　图 4-2　比例注写示意图

4.1.3　线条的种类和用途

线条的种类有定位轴线、剖切线和引出线等多种。

1. 定位轴线

1）定位轴线应用细单点长画线绘制。

2）定位轴线应编号，编号应注写在轴线端部的圆内。圆内应用细实线绘制，直径为8～10mm。定位轴线圆的圆心应在定位轴线的延长线的折线上。

3）除较复杂需采用分区编号或圆形、折线形外，平面图上定位轴线的编号，宜标注在图样的下方或左侧。横向编号应用阿拉伯数字，从左至右顺序编写；竖向编号应用大写拉丁字母，从下至上顺序编写，如图 4-3 所示。

4）拉丁字母作为轴线号时，应全部采用大写字母，不应用同一个字母的大小写来区分轴线号。I、O、Z 不得用作轴线编号。当字母数量不够使用时，可增用双字母或单字母加数字注脚。

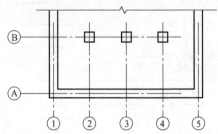

图 4-3　定位轴线的编号顺序

5）组合较复杂的平面图中定位轴线也可采用分区编号，如图 4-4 所示。编号的注写形式应为"分区号—该分区编号"。"分区号—该分区编号"采用阿拉伯数字或大写拉丁字母表示。

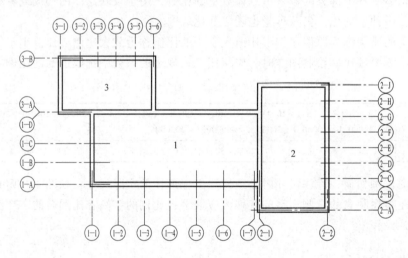

图 4-4　定位轴线的分区编号

6）附加定位轴线的编号，应以分数形式表示，并应符合下列规定：

① 两根轴线的附加轴线，应以分母表示前一轴线的编号，分子表示附加轴线的编号。编号宜用阿拉伯数字顺序编写。

② 1 号轴线或 A 号轴线之前的附加轴线的分母应以 01 或 0A 表示。

7）一个详图适用于几根轴线时，应同时注明各有关轴线的编号，如图 4-5 所示。

8）通用详图中的定位轴线，应只画圆，不注写轴线编号。

用于2根轴线时　　用于3根或3根以上轴线时　　用于3根以上连续编号的轴线时

图 4-5　详图的轴线编号

9）圆形与弧形平面图中的定位轴线，其径向轴线应以角度进行定位，其编号宜用阿拉伯数字表示，从左下角或 - 90°（若径向轴线很密，角度间隔很小）开始，按逆时针顺序编写；其环向轴线宜用大写阿拉伯字母表示，从外向内顺序编写，如图 4-6 和图 4-7 所示。

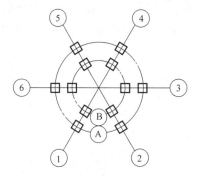

图 4-6　圆形平面定位轴线的编号

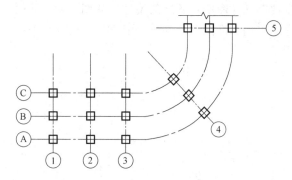

图 4-7　弧形平面定位轴线的编号

10）折线形平面图中定位轴线的编号可按图 4-8 所示形式编写。

2. 剖切线

（1）剖切符号

施工图中剖面的剖切符号用粗实线表示，它由剖切位置线和投射方向线组成。剖切位置线的长度大于投射方向线的长度（图 4-9），一般剖切位置线的长度为 6 ~ 10mm，投射方向线的长度为 4 ~ 6mm。剖面剖切符号的编号为阿拉伯数字，由左至右、由上至下连续编排，并注

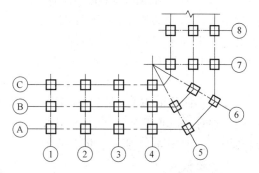

图 4-8　折线形平面定位轴线的编号

写在剖视方向线的端部。需转折的剖切位置线，在转角的外侧加注与该符号相同的编号，构件剖面图的剖切符号通常标注在构件的平面图或立面图上。断面的剖切符号用粗实线表示，且仅用剖切位置线而不用投射方向线。断面的剖切符号编号所在的一侧为该断面的剖视方向，如图 4-10 所示。

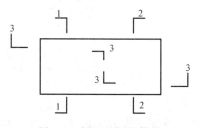

图 4-9　剖面的剖切符号

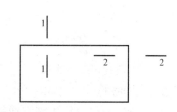

图 4-10　断面的剖切符号

剖面图或断面图与被剖切图样不在同一张图纸内时，在剖切位置线的另一侧标注其所在图纸的编号，或在图纸上集中说明。

（2）索引符号和详图符号

1）图样中的某一局部或构件需另见详图时，以索引符号标注，如图 4-11a 所示。索引

符号由直径为 10mm 的圆和水平直径组成，圆和水平直径用细实线表示。索引出的详图与被索引出的详图同在一张图纸时，在索引符号的上半圆中用阿拉伯数字注明该详图的编号，在下半圆中间画一段水平细实线，如图 4-11b 所示。索引出的详图与被索引出的详图不在同一张图纸时，在索引符号的上半圆中用阿拉伯数字注明该详图的编号，在下半圆中用阿拉伯数字注明该详图所在图纸的编号，如图 4-11c 所示，数字较多时，也可加文字标注。索引出的详图采用标准图时，在索引符号水平直径的延长线上加注该标准图册的编号，如图 4-11d 所示。

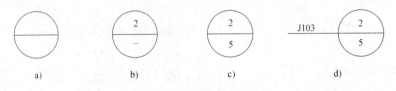

图 4-11　索引符号图

a）索引符号　b）同一张图纸内索引　c）不同张图纸内索引　d）索引图采用标准图

索引符号用于索引剖视详图时，在被剖切的部位绘制剖切位置线，并用引出线引出索引符号，引出线所在的一侧即为投射方向，如图 4-12 所示。

零件、杆件的编号用阿拉伯数字按顺序编写，以直径为 4~6mm 的细实线圆表示，如图 4-13 所示，同一图样圆的直径要相同。

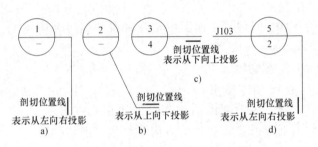

图 4-12　用于索引剖面详图的索引符号

a）同一张图纸内索引（从左向右投影）　b）同一张图纸内索引（从上向下投影）　c）不同张图纸索引　d）索引图采用标准图

2）详图符号用直径为 14mm 的粗线圆表示，当详图与被索引出的图样在同一张图纸内时，在详图符号内用阿拉伯数字注明该详图编号，如图 4-14 所示。当详图与被索引出的图样不在同一张图纸时，用细实线在详图符号内画一水平直径，上半圆中注明详图的编号，下半圆注明被索引图纸的编号，如图 4-15 所示。

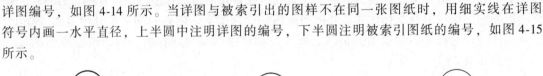

图 4-13　零件、杆件的编号　　　图 4-14　与被索引的图样在同一张图纸的详图符号图　　　图 4-15　与被索引出的图样不在同一张图纸的详图符号

3. 引出线

施工图中的引出线用细实线表示，它由水平方向的直线或与水平方向成 30°、45°、60°、90° 的直线和经上述角度转折的水平直线组成。文字说明注写在水平线的上方或端部，如图 4-16a、b 所示，索引详图的引出线与水平直径线相连接，如图 4-16c 所示。同时引出几个相同部分的引出线时，引出线可相互平行，也可集中于一点，如图 4-17 所示。

多层构造或多层管道共用的引出线要通过被引出的各层。文字说明注写在水平线的上方或端部，说明的顺序由上至下，与被说明的层次一致。如层次为横向排序时，则由上至下的

图 4-16　引出线

a）水平线上方注写　b）水平线端部注写　c）索引详图

说明顺序与由左至右的层次相一致，如图 4-18 所示。

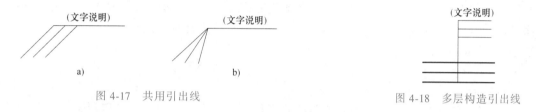

图 4-17　共用引出线

图 4-18　多层构造引出线

4.1.4　标高

1. 标高符号

1）标高符号用直角等腰三角形形式绘制，如图 4-19a、b 所示。标高符号的具体画法如图 4-19c、d 所示。

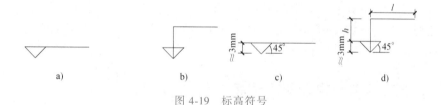

图 4-19　标高符号

a）平面图中楼地面标高符号　b）标高引出标注　c）标高符号具体画法　d）引出标高具体画法

l—取适当长度注写标高数字　h—根据需要取适当高度

2）总平面图室外地坪标高符号，宜用涂黑的三角形表示，如图 4-20 所示。

3）标高符号的尖端应指至被注高度的位置。尖端一般应向下，也可向上。标高数字应注写在标高符号的左侧或右侧，如图 4-21 所示。

图 4-20　总平面图室外地坪标高符号

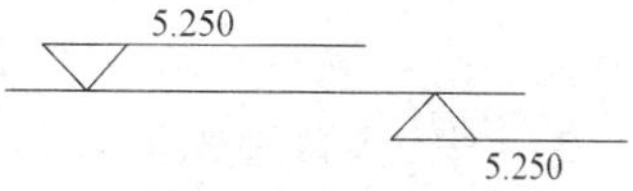

图 4-21　标高的指向

4）标高数字应以米（m）为单位，注写到小数点后第三位。在总平面图中，可注写到小数字点后第二位。

5）零点标高应注写成 ±0.000，正数标高不注 "+"，负数标高应注 "-"，如 3.000、-0.600。

6）在图样的同一位置需表示几个不同标高时，标高数字可按如图 4-22 所示的形式注写。

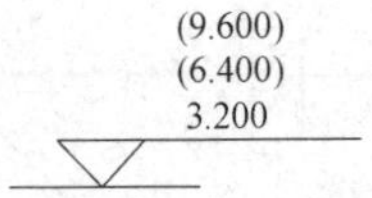

标高单位均以米（m）计，注写到小数点后第三位。总平面图上

(9.600)
(6.400)
3.200

图 4-22　同一位置
注写多个标高数字

2. 标高单位

注写到小数点后第二位。

3. 标高的分类

建筑图上的标高，多数以建筑首层地面作为零点，这种标高称为
相对标高。高于建筑首层地面的高度均为正数，低于首层地面的高度均为负数，并在数字前
面注写"－"，正数前面不加"＋"。相对标高又可分为建筑标高和结构标高，装饰完工后的
表面高度，称为建筑标高；结构梁、板上下表面的高度，称为结构标高。装饰工程虽然都是
表面工程，但是它也占据一定的厚度，分清装饰表面与结构表面位置是非常必要的，以防读
错数据。

4.2　装饰装修工程施工图的组成、特点和常用图例

4.2.1　装饰装修工程施工图的组成

装饰装修工程施工图分为基本图和详图两部分。基本图包括装饰平面图、装饰立面图、
装饰剖面图，详图包括装饰构配件详图和装饰节点详图。

装饰装修工程图由效果图、建筑装饰施工图和室内设备施工图组成。从某种意义上讲，
效果图也是施工图。在施工中，它是形象、材质、色彩、光影与氛围等艺术处理的重要依
据，是装饰装修工程所特有、必备的施工图。

4.2.2　装饰装修工程施工图的特点

虽说装饰装修施工图和建筑施工图在绘制原理和图示标识形式有很多方面基本一致，但
由于专业分工和图示内容不同，必然存在差异。其差异反映在图示方法
上主要有以下几个方面：

1）由于装饰装修工程涉及面广，除了与建筑，水、暖、电等设备
及家具、陈设、绿化及各种室内配套产品有关外，还与钢、铁、铝、
铜、木等不同材质的结构处理有关。因此，装饰装修施工图里常出现建
筑制图、家具制图、园林制图及机械制图等多种画法并存的现象。

音频 4-2　装饰装
修施工图的特点

2）装饰装修施工图表达的内容很多，它除了要标明建筑的基本结
构外，还要标明装饰的形式、结构与构造。为了表达详实，符合施工要求，装饰装修施工图
一般都是将建筑图的一部分加以放大后进行图示，所用比例较大，因而有建筑局部放大图
之说。

3）装饰装修施工图由于所用比例较大，又多是建筑物某一装饰部位或某一装饰空间的
局部图示，因而有些细部描绘比建筑施工图更为细腻。

4）装饰装修施工图图例部分无统一标准的，需加文字说明。

5）装饰装修施工图中标准化设计少，可采用的标准图不多，因而基本图中大部分局部

和装饰配件都需要另画详图来标明其构造。

4.2.3　装饰装修工程施工图的常用图例

常用建筑构配件图例见表 4-4。

表 4-4　常用建筑构配件图例

序号	名称	图例	说明
1	墙体	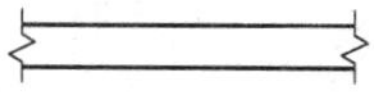	应加注文字或填充图例,表示墙体材料,在项目设计图说明中列材料图例表给予说明
2	隔断		包括板条抹灰、木制、石膏板、金属材料等隔断,适用于到顶与不到顶隔断
3	栏杆		—
4	底层楼梯	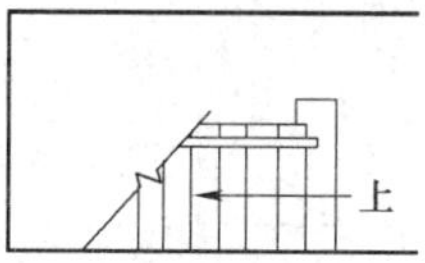	
5	中间层楼梯	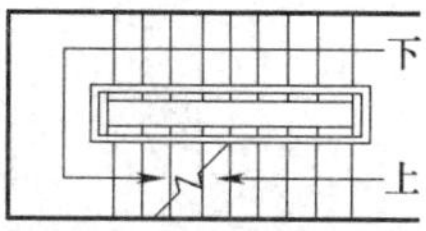	楼梯的形式及步数应按实际情况绘制
6	顶层楼梯	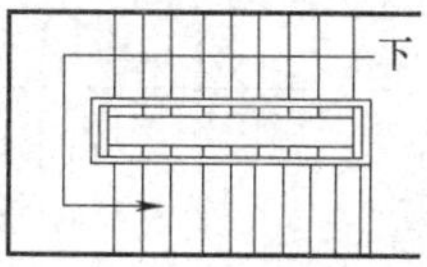	
7	长坡道	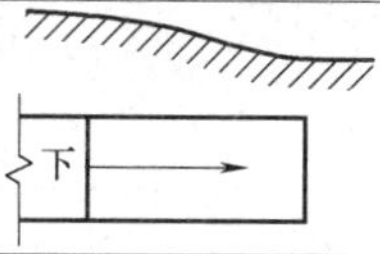	—
8	门口坡道	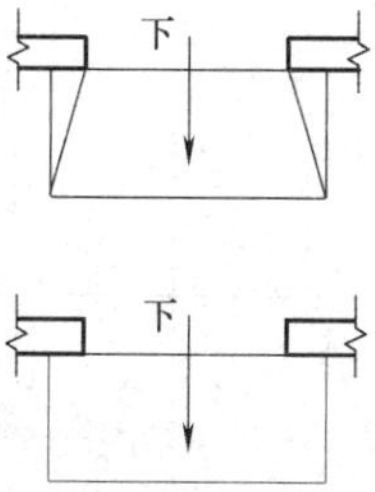	
9	平面高差	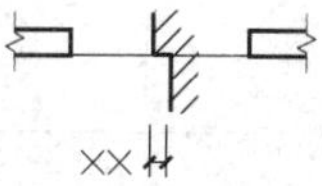	适用于高差小于 100mm 的两个地面或楼面相接处
10	检查孔		(1)左图为可见检查孔 (2)右图为不可见检查孔
11	孔洞		阴影部分可以涂色代替

（续）

序号	名称	图例	说明
12	坑槽		—
13	墙上留洞	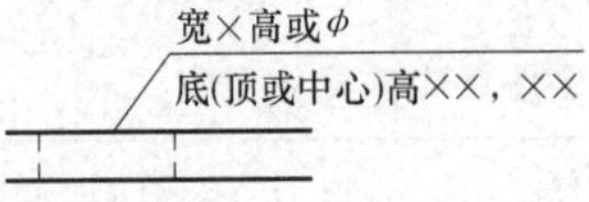 宽×高或φ 底(顶或中心)高××，××	（1）以洞中心或洞边定位 （2）宜以涂色区别墙体和留洞位置
14	墙顶留槽	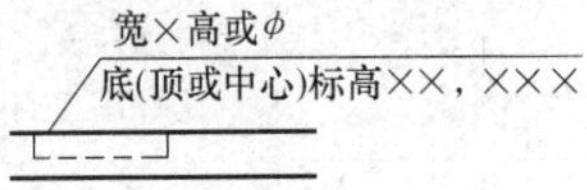 宽×高或φ 底(顶或中心)标高××，×××	
15	烟道	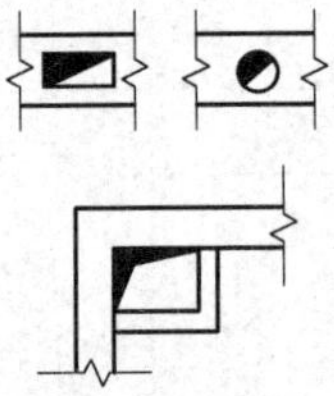	（1）阴影部分可以涂色代替 （2）烟道与墙体为同一材料，其相接处墙身线应断开
16	通风道	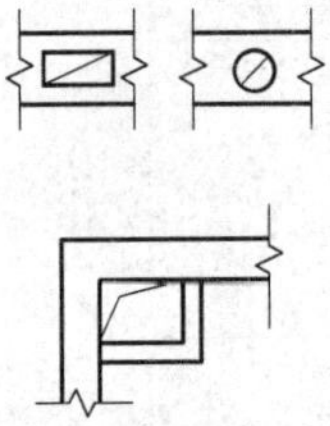	
17	新建的墙和窗	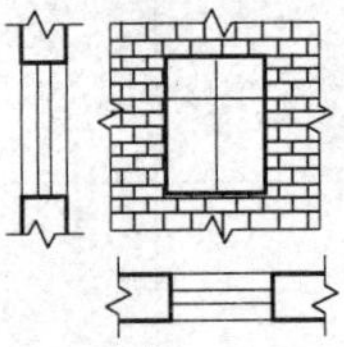	（1）本图以小型砌块为图例，绘图时应按所用材料的图例绘制，不易以图例绘制的，可在墙面上以文字或代号注明 （2）小比例绘图时，平、剖面窗线可用单粗实线表示
18	改建时保留的原有墙和窗	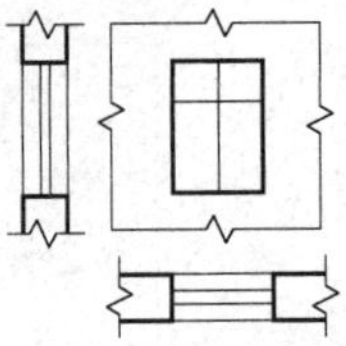	—
19	应拆除的墙	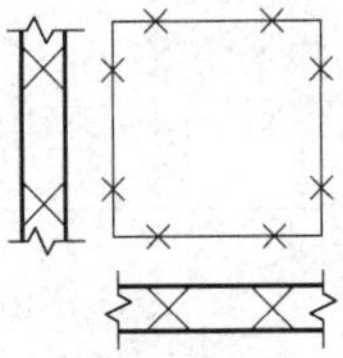	—
20	在原有墙或楼板上新开的洞	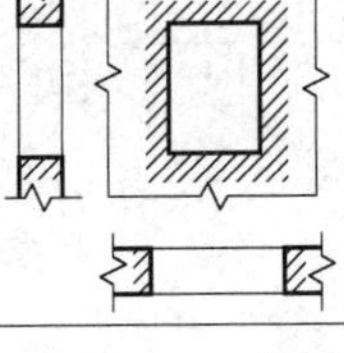	—

（续）

序号	名称	图例	说明
21	在原有洞旁扩大的洞		—
22	在原有墙或楼板上全部填塞的洞		
23	在原有墙或楼板上局部填塞的洞		
24	空门洞	$h=$	h 为门洞高度
25	单扇门(包括平开或单面弹簧)		(1)门的名称代号用 M 表示 (2)图例中剖面图左为外,右为内;立面图上开启方向线交角的一侧为安装合页的一侧,实线为外开,虚线为内开 (3)平面图上门线应 90°或 45°开启,开启弧线宜绘出
26	双扇门(包括平开或单面弹簧)		
27	对开折叠门		

（续）

序号	名称	图例	说明
28	推拉门	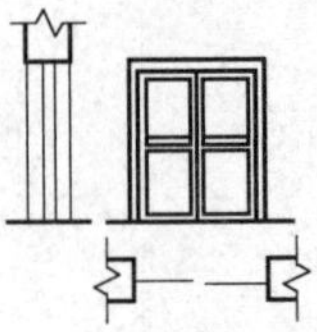	
29	墙外单扇推拉门	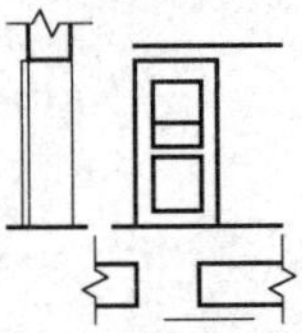	(1)门的名称代号用 M 表示 (2)图例中剖面图左为外,右为内;平面图下为外,上为内;立面形式应按实际情况绘制
30	墙外双扇推拉门	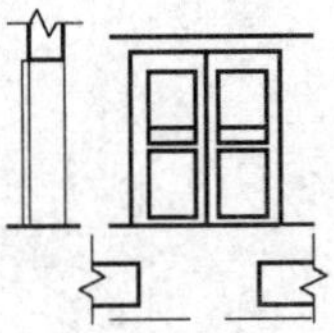	
31	墙中单扇推拉门	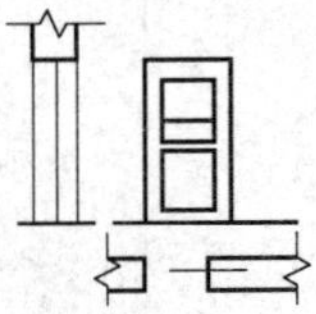	(1)门的名称代号用 M 表示 (2)图例中剖面图左为外,右为内;平面图下为外,上为内;立面形式应按实际情况绘制
32	墙中双扇推拉门	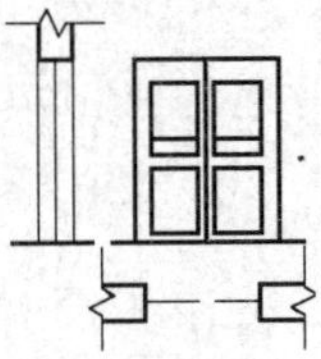	
33	单扇双面弹簧门	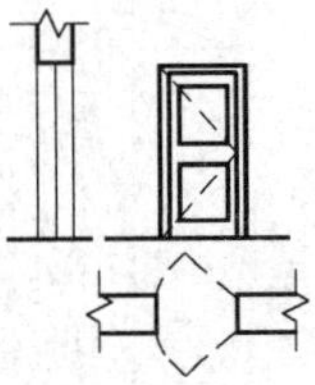	(1)门的名称代号用 M 表示 (2)图例中剖面图左为外,右为内;平面图下为外,上为内;立面图上开启方向线交角的一侧为安装合页的一侧,实线为外开,虚线为内开 (3)平面图上门线应 90° 或 45° 开启,开启弧线宜绘出 (4)立面图上的开启线在一般设计图中可不表示,在详图及室内设计图上应表示 (5)立面形式应按实际情况绘制
34	双扇双面弹簧门	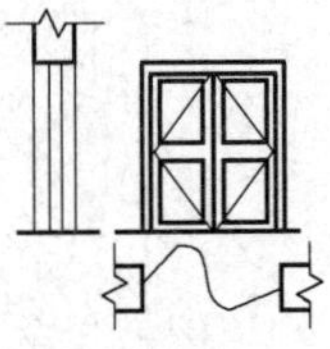	

（续）

序号	名称	图例	说明
35	单扇内外开双层门（包括平开或单面弹簧）	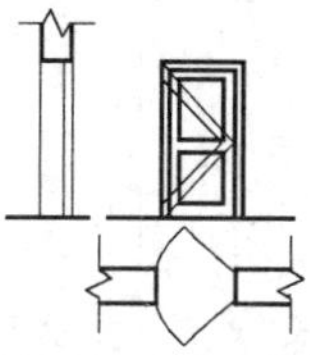	（1）门的名称代号用 M 表示 （2）图例中剖面图左为外，右为内；平面图下为外，上为内；立面图上开启方向线交角的一侧为安装合页的一侧，实线为外开，虚线为内开 （3）平面图上门线应 90°或 45°开启，开启弧线宜绘出 （4）立面图上的开启线在一般设计图中可不表示，在详图及室内设计图上应表示 （5）立面形式应按实际情况绘制
36	双扇内外开双层门（包括平开或单面弹簧）		
37	转门	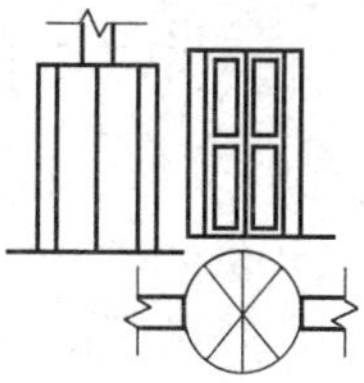	（1）门的名称代号用 M 表示 （2）图例中剖面图左为外，右为内；平面图下为外，上为内；平面图上门线应 90°或 45°开启，开启弧线宜绘出 （3）立面图上的开启线在一般设计图中可不表示，在详图及室内设计图上应表示 （4）立面形式应接实际情况绘制
38	折叠上翻门	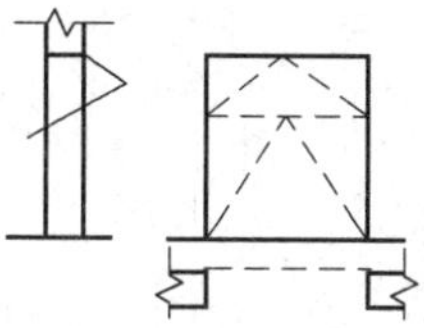	（1）门的名称代号用 M 表示 （2）图例中剖面图左为外，右为内；平面图下为外，上为内；立面图上开启方向线交角的一侧为安装合页的一侧，实线为外开，虚线为内开 （3）立面图上的开启线设计图中应表示 （4）立面形式应按实际情况绘制
39	自动门	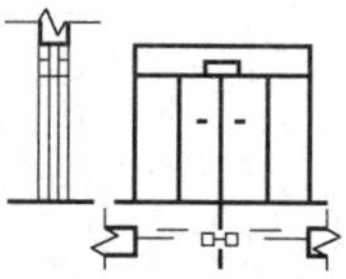	（1）门的名称代号用 M 表示 （2）图例中剖面图左为外，右为内；平面图下为外，上为内；立面形式应按实际情况绘制
40	竖向卷帘门	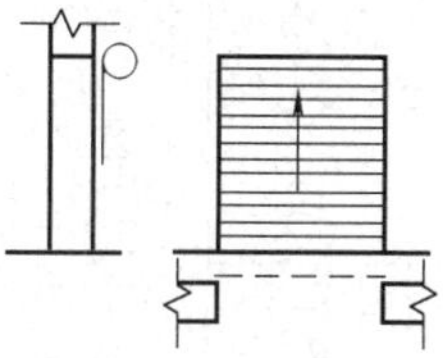	—
41	横向卷帘门	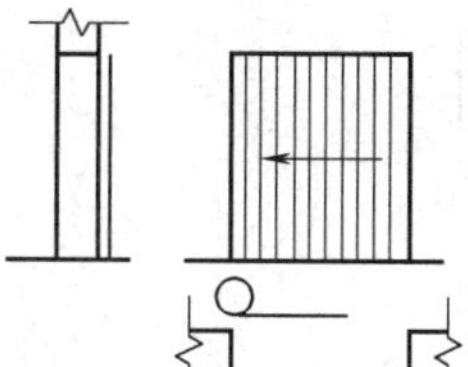	—

（续）

序号	名称	图例	说明
42	提升门	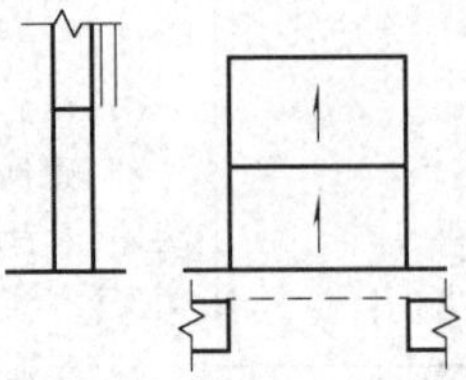	—
43	单层固定窗	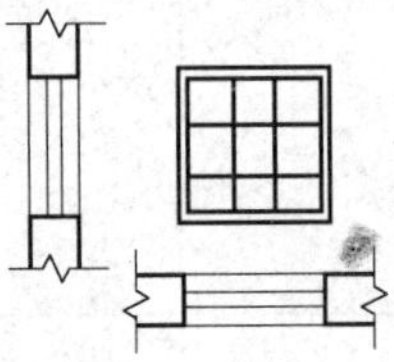	—
44	单层外开上悬窗	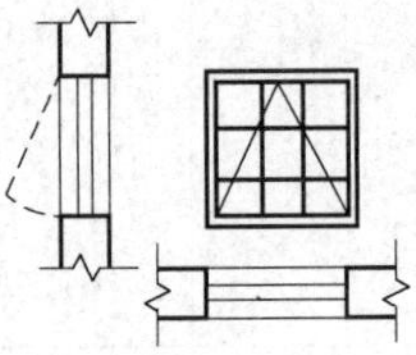	
45	单层中悬窗	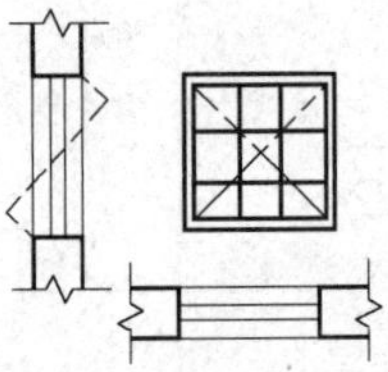	（1）窗的名称代号用 C 表示 （2）立面图中的斜线表示窗的开启方向，实线为外开，虚线为内开；开启方向线交角的一侧为安装合页的一侧，一般设计图中可不表示 （3）图例中剖面图左为外，右为内；平面图下为外，上为内
46	单层内开下悬窗	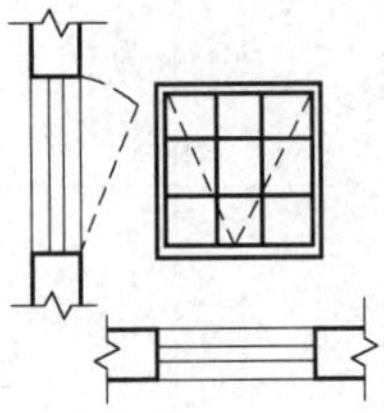	（4）平面图和剖面图上的虚线仅说明开关方式，在设计图中无须表示窗的立面形式，按实际情况绘制 （5）小比例绘图时平、剖面的窗线可用单粗实线表示
47	立转窗	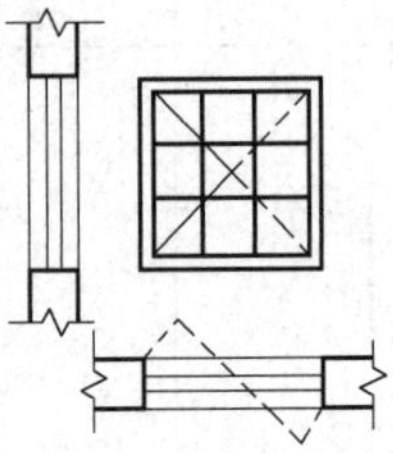	

（续）

序号	名称	图例	说明
48	推拉窗	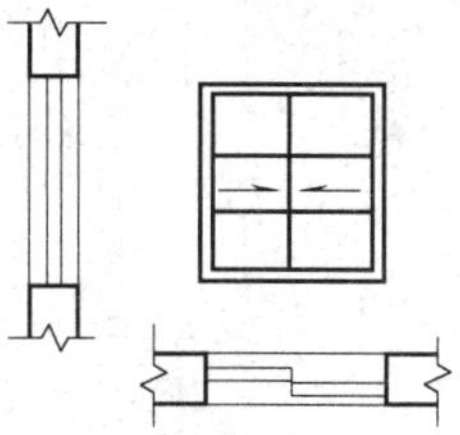	（1）窗的名称代号用C表示 （2）图例中剖面图左为外，右为内；平面图下为外，上为内；窗的立面形式应按实际情况绘制 （3）小比例绘图时平、剖面的窗线可用单粗实线表示
49	单层外开平开窗	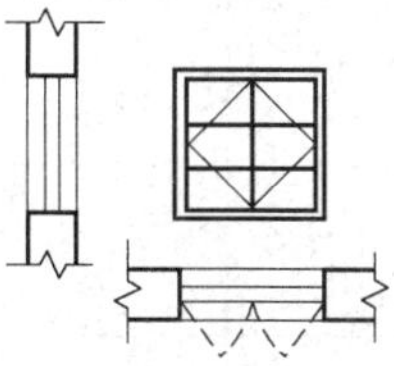	
50	单层内开平开窗	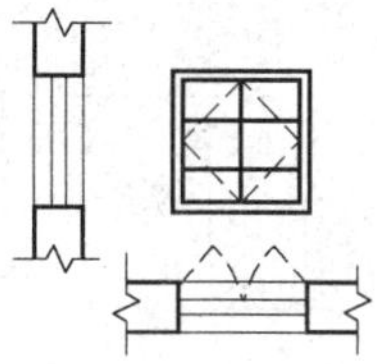	（1）窗的名称代号用C表示 （2）立面图中的斜线表示窗的开启方向，实线为外开，虚线为内开，开启方向线交角的一侧为安装合页的一侧，一般设计图中可不表示 （3）图例中剖面图左为外，右为内；平面图下为外，上为内平面图和剖面图上的虚线仅说明开关方式，在设计图中无须表示 （4）窗的立面形式应按实际情况绘制 （5）小比例绘图时平、剖面的窗线可用单粗实线表示
51	双层内外开平开窗	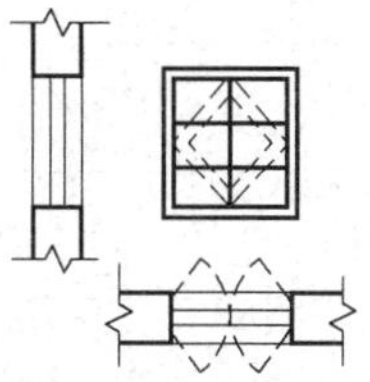	
52	百叶窗	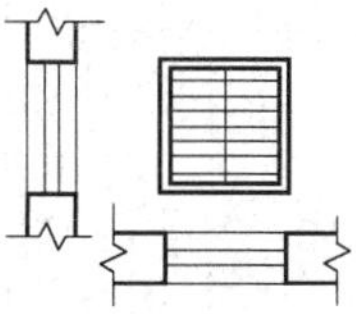	
53	上推窗	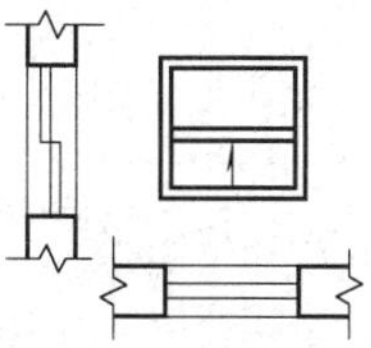	（1）窗的名称代号用C表示 （2）图例中剖面图左为外，右为内；平面图下为外，上为内；窗的立面形式应按实际情况绘制 （3）小比例绘图时平、剖面的窗线可用单粗实线表示
54	高窗	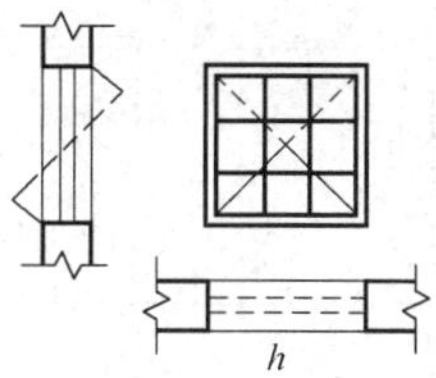	（1）窗的名称代号用C表示 （2）立面图中的斜线表示窗的开启方向，实线为外开，虚线为内开，开启方向线交角的一侧为安装合页的一侧，一般设计图中可不表示 （3）图例中剖面图左为外，右为内；平面图下为外，上为内；平面图和剖面图上的虚线仅说明开关方式，在设计图中无须表示 （4）窗的立面形式应按实际情况绘制 （5）h为窗底距本层楼地面的高度

常用建筑材料图例应见表 4-5。

表 4-5　常用建筑材料图例

序号	名　称	图　例	说　明
1	自然土壤	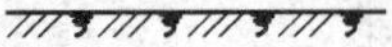	包括各种自然土壤
2	夯实土壤		—
3	砂、灰土		—
4	砂砾石、碎砖三合土	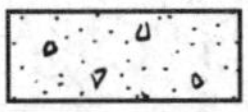	—
5	石材	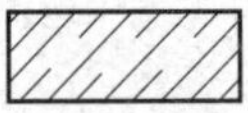	—
6	毛石		—
7	普通砖		包括实心砖、多孔砖、砌块等砌体。断面较窄不易绘出图例线时可涂红,并在图纸备注中加注说明,画出该材料图例
8	耐火砖		包括耐酸砖等砌体
9	空心砖	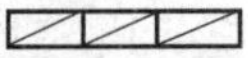	是指非承重砖砌体
10	饰面砖		包括铺地砖、马赛克、陶瓷锦砖、人造大理石等
11	焦渣、矿渣	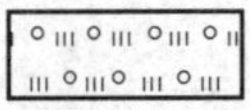	包括与水泥、石灰等混合而成的材料
12	混凝土		(1)本图例是指能承重的混凝土及钢筋混凝土 (2)包括各种强度等级、骨料、添加剂的混凝土 (3)在剖面图上画出钢筋时,不画图例线 (4)断面图形小,不易画出图例线时,可涂黑
13	钢筋混凝土		
14	多孔材料	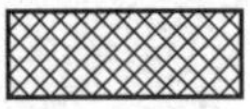	包括水泥珍珠岩、沥青珍珠岩、泡沫混凝土、非承重加气混凝土、软木、蛭石制品等
15	纤维材料	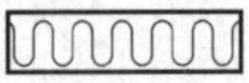	包括矿棉、岩棉、玻璃棉、麻丝、木丝板、纤维板等
16	泡沫塑料材料	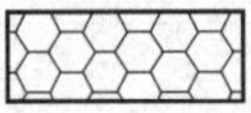	包括聚苯乙烯、聚乙烯、聚氨酯等多孔聚合物类材料
17	木材		(1)上图均为横断面,左上图为垫木、木砖或木龙骨 (2)下图为纵断面
18	胶合板	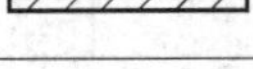	应注明几层胶合板

（续）

序号	名　称	图　例	说　明
19	石膏板		包括圆孔、方孔石膏板，防水石膏板，硅钙板，防火板等
20	金属		（1）包括各种金属 （2）图形小时，可涂黑
21	网状材料		（1）包括金属、塑料网状材料 （2）应注明具体材料名称
22	液体		应注明具体液体名称
23	玻璃		包括平板玻璃、磨砂玻璃、夹丝玻璃、钢化玻璃、中空玻璃、夹层玻璃、镀膜玻璃
24	橡胶		—
25	塑料		包括各种软、硬塑料及有机玻璃等
26	防水材料		构造层次多或比例大时，采用上图例
27	粉刷		本图例采用较稀的点

注：序号中 1、2、5、7、8、13、14、16~18 图例的斜线、短斜线、交叉斜线等均为 45°。

4.3　装饰装修工程施工图的识读方法

4.3.1　平面图识读

　　装饰装修平面图是建筑功能、建筑技术、装饰艺术、装饰经济等在平面上的体现，在装饰装修工程中非常重要。其效用主要表现为：①建筑结构与尺寸。②装饰布置与装饰结构及其尺寸的关系。③设备、家具陈设位置及尺寸关系。装饰装修施工平面图作为装饰装修施工图的基本图纸，包括平面布置图和顶棚平面图。

1. 平面布置图与地面铺装图

　　装饰装修施工平面布置图与地面铺装图是假想用一个水平剖切平面，沿着需要装修房间的门窗洞口处作水平全部剖切，移去上面的部分，对剩下的部分所绘的水平投影图。

　　平面布置图主要用于表达装饰装修结构的平面布置、具体形状及尺寸，表明饰面的材料和工艺要求等；而地面铺装图则主要用于表达拼花、造型、块材等楼地面的装修情况。其与建筑平面图的形式及表达的结构体内容基本相同，不同的是增加了装饰装修和陈设的内容。

　　在装饰装修施工平面图中，如果平面图所包含的内容复杂，如家具或构件、陈设较多，则地面铺装图可独立绘出；否则可在平面布置图中一并表示，如图 4-23 所示为某家庭装饰装修工程平面布置图。

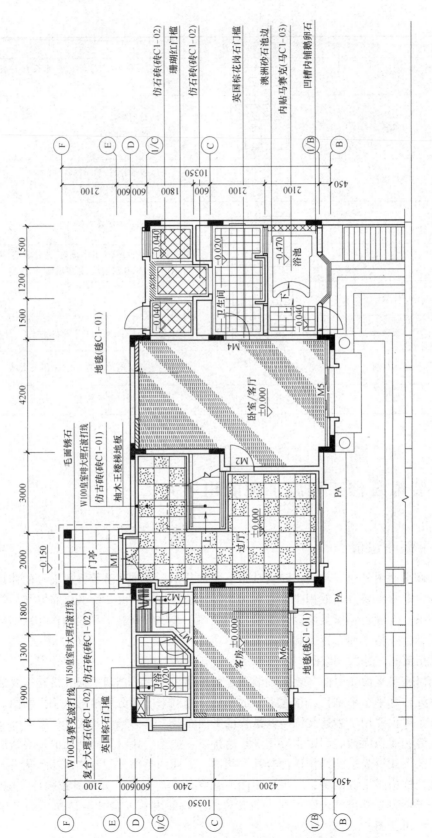

图 4-23 某家庭装饰装修工程平面布置图

（1）装饰装修施工图目录及设计说明

1）通过定位轴线及编号，表明装饰空间在建筑空间内的平面位置及其与建筑结构的相互关系尺寸。

2）装饰空间的结构形式、平面形状和长宽尺寸。

3）室内家具陈设、设施（如电器设备、卫生设备等）、绿化的摆放位置及说明。

4）室内外地面的平面形状和位置。地面装饰的平面形式要求绘制准确、具体，按比例用细实线画出该形式的材料规格、铺贴形式和构造分格线等，并标明其材料品种和工艺要求，必要时应填充恰当的图案和材质实景图表示。

5）地面饰面材料的名称、规格以及拼花形状等。

6）门窗的位置、平面尺寸、门的开启方式及墙柱的断面形状及尺寸。

7）必要的文字说明。为了使图面的表达更为详尽，必要的文字说明是不可缺少的，如房间的名称、某些装饰构件与配套布置的名称等。

（2）装饰装修平面布置图的识图方法

1）识读装饰装修平面布置图要先看图名、比例标题栏，认定该图是什么布置图。再识读建筑平面基本结构及其尺寸，把各房间名称、面积，以及门窗、走廊、楼梯等的主要位置和尺寸了解清楚。然后识读建筑平面结构内的装修结构和装修设置的平面布置等内容。

2）通过对各房间和其他空间主要功能的了解，明确为满足功能要求所设置的设备与设施的种类、规格和数量，以便制订相关的购买计划。

3）通过图中对装饰面的文字说明，了解各装饰面对材料规格、品种、色彩和工艺制作的要求，明确各装饰面的结构材料和饰面材料的衔接关系与固定方式，并结合面积制订材料计划和施工安排计划。

4）通过识图了解各种尺寸。面对众多的尺寸，要注意区分建筑尺寸和装修尺寸。在装修尺寸中，又要能分清其中的定位尺寸、外形尺寸和结构尺寸。定位尺寸是确定装饰面或装饰物在平面布置图上位置的尺寸。在平面图上需两个定位尺寸才能确定一个装饰物的平面位置，其基准往往是建筑结构面。平面布置图上为了避免重复，同样的尺寸往往只代表性地标注一个，识图时要注意将所画的构件或部位归类。

5）通过平面布置图上的投影符号，明确投影面编号和投影方向并进一步查出各投影方向的立面图。

6）通过平面布置图上的索引符号，明确被索引部位及详图所在位置。

7）通过平面布置图上的剖切符号，明确剖切位置及其剖视方向，进一步查阅相应的剖面图。

2. 天棚（顶棚）平面图

天棚（顶棚）平面图是以镜像投影法画出的反映天棚（顶棚）平面形状、灯具位置、材料选用、尺寸标高及构造做法等内容的水平镜像投影图。

天棚（顶棚）平面图是假想以一个水平剖切平面沿天棚（顶棚）下方门窗洞口位置进行剖切，移去下面部分后对上面的墙体、天棚（顶棚）所绘的镜像投影图。天棚（顶棚）平面图的常用比例为 1∶50、1∶100、1∶150。如图 4-24 所示为某家庭装饰工程的天棚（顶棚）平面图。

（1）天棚（顶棚）平面图的内容

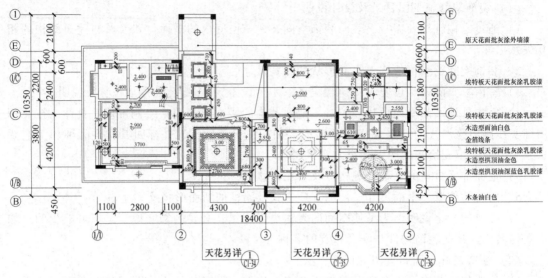

图 4-24　天棚（顶棚）平面图

1）天棚（顶棚）装饰平面及造型的布置和各部位的尺寸关系。

2）天棚（顶棚）装饰所用的材料种类及其规格。

3）灯具的种类、布置形式和安装位置，天棚（顶棚）平面图上的小型灯具按比例用一个细实线圆表示，大型灯具可按比例画出它的正投影外形轮廓，力求简明概括，并附加文字说明。

4）空调风口以及顶部消防与音响设备等设施的布置形式与安装位置。

5）墙体顶部有关装饰配件（如窗帘盒、窗帘等）的形式与位置。

6）天棚（顶棚）剖面构造详图的剖切位置及剖面构造详图的所在位置。

（2）天棚（顶棚）平面图的识图方法

1）首先应弄清楚天棚（顶棚）平面图与平面布置图各部分的对应关系，核对天棚（顶棚）平面图与平面布置图在基本结构和尺寸上是否相符。对于某些有跌级变化的天棚（顶棚），要分清它的标高尺寸和线型尺寸，并结合造型平面分区线，在平面上建立起三维空间的尺度概念。

2）通过天棚（顶棚）平面图，了解顶部灯具和设备设施的规格、品种和数量。

3）通过天棚（顶棚）平面图上的文字标注，了解天棚（顶棚）所用材料的规格、品种及其施工要求。

4）通过天棚（顶棚）平面图上的索引符号，找出详图对照识读，弄清楚天棚（顶棚）的详细构造。

4.3.2　立面图识读

装饰装修立面图主要表现某一方向墙面的观赏外观及墙面装饰施工做法，表达墙面的立面装饰造型、材料、工艺要求，门窗的位置和形式等，是施工的重要依据之一。装饰装修立面图包括室外装饰装修立面图和室内装饰装修立面图。

室外装饰装修立面图是将建筑物经装饰后的外部形象向铅直投影面所绘的正投影图。它主要表明屋顶、檐头、外墙面、门头与门面等部位的装饰造型、装饰尺寸和饰面处理，以及室外水池、雕塑等建筑装饰小品布置等内容。

室内装饰装修立面图是将室内各墙面沿面与面相交处拆开，移去暂时不予图示的墙面，将剩下的墙面及其装饰布置向铅直投影面作投影而成。如某家庭装饰装修工程过厅立面图如图 4-25 所示。

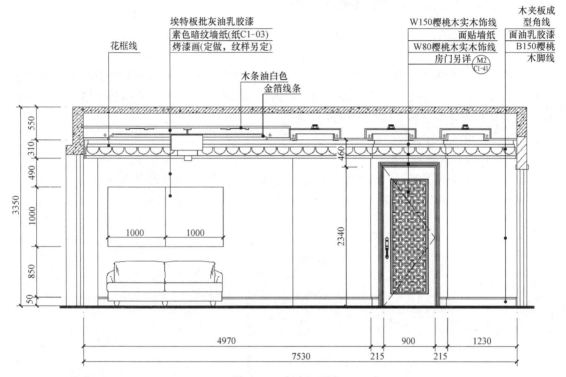

图 4-25 过厅立面图

（1）装饰装修立面图的内容

1）室内外立面装饰的造型和式样，并用文字说明其饰面材料的品名、规格、色彩和工艺要求。

2）墙面、柱面的装修做法，包括材料、造型、尺寸等。

3）表示门、窗及窗帘的形式和尺寸。

4）表示隔断、屏风等的外观和尺寸。

5）表示墙面、柱面上的灯具、挂件、壁画等装饰。

6）其他艺术造型的立面形状和高低错落位置尺寸。

7）详图所示部位及详图所在位置。

（2）装饰装修立面图的识图方法

1）明确建筑装饰立面图上与该工程有关的各部分尺寸和标高。

2）通过图中不同线型的含义，弄清楚立面上有几种不同的装饰面，以及这些装饰面所选用的材料与施工工艺要求。

3）立面上各装饰面之间的衔接收口较多，这些内容在立面图上标示得比较概括，多在节点详图中详细标明。

4）明确装饰结构之间以及装饰结构与建筑主体之间的连接固定方式，以便提前准备预埋件和紧固件。

5）要注意设施的安装位置，确定电源开关、插座的安装位置和安装方式，以便在施工中留位。

6）识读室内装饰立面图时，要结合平面布置图、天棚（顶棚）平面图和该室内其他立面图对照识读，明确该室内的整体做法与要求。

4.3.3 剖面图识读

装饰装修剖面图是用假想平面将室外某装饰装修部位或室内某装饰装修空间垂直剖开而得到的正投影图。它主要表明上述部位或空间的内部结构情况，或者装饰装修结构与建筑结构、结构材料与饰面材料之间的构造关系等。

（1）装饰装修剖面图的内容

1）表明装饰面或装饰形体。

2）表明天棚（顶棚）、墙柱面、地面、门面、橱窗等造型较为复杂部位的形状尺寸、材料名称、材料规格、工艺做法等。天棚（顶棚）剖面图如图 4-26 所示。

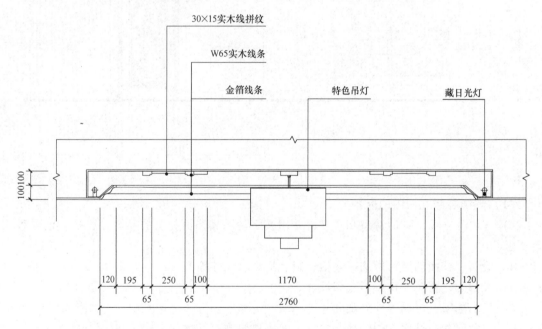

图 4-26 天棚（顶棚）剖面图

3）表明装饰结构的剖面形状、构造形式、材料组成及固定与支承构件的相互关系。

4）表明装饰结构与建筑主体之间的衔接尺寸与连接方式。

5）表明剖切空间内可见实物的形状、大小与位置。

6）表明装饰结构和装饰面上的设备安装方式或固定方法，以及装饰面与设备间的收口方式和收边方式。

7）其他文字说明等。

（2）装饰装修剖面图的识图方法

1）识读剖面图时，首先要弄清楚该图是从平面图还是从立面图上剖切而来的。由于剖切符号处的编号或字母与剖面图的名称一致，因此可根据这一特点找到该剖面图所表达的部位。

2）注意剖切位置线的位置和投影方向。

3）注意剖面图上的索引符号，以便识读构件图或节点详图。

4）仔细阅读剖面图中的竖向数据，以及有关尺寸和文字说明。

5）注意剖面图中各种材料的结构方式和工艺要求。

6）弄清剖面图中的标注和比例。

音频 4-3：识读装饰剖
面图应注意的要点

4.3.4　详图识读

装饰装修详图是补充平面图、立面图和剖面图最为具体的图式手段之一。装饰装修详图应详实简明，详细程度适中。详图应做到三详：一是图形详，二是数据详，三是文字详。常见的装饰装修详图主要有装饰装修局部放大图、装饰装修件详图和装饰装修节点详图。

1. 装饰装修局部放大图

为了更加清楚、详尽地表现建筑内部空间某一部位的装饰装修设计效果，需将该部位用较大的比例来表达，这样就形成了装饰装修局部放大图。装饰装修局部放大图就是把原图放大并加以补充，其图示内容应比原图更为具体和充实。装饰装修局部放大图常用于表达壁灯、门窗、幕墙、屏风等装饰装修平面图、立面图和剖面图中没有表达清楚的部位，必要时还需要标注有关尺寸和文字说明。

2. 装饰装修件详图

建筑装饰件要依据设计意图画出其详图，该详图应表明该装饰件在建筑物上的准确位置、与建筑物其他构件的衔接关系、装饰件的构造和所用材料等。

建筑装饰装修件的图示要视其细部构造的繁简程度和表达的范围而定。有的只需一个剖面详图即可，有的需用平面详图或立面详图来表达，有的甚至需用平面详图、立面详图和剖面详图来表达。一些复杂的装饰装修构件除了要用平面详图、立面详图和剖面详图表达外，还需增加节点详图。常见的装饰装修件有吊灯、壁灯、空调箱孔、送风口、回风口等。

3. 装饰装修节点详图

装饰装修节点详图是将两个或多个装饰面的交汇点沿垂直或水平方向切开，并以放大的形式绘出的投影图。节点详图主要表达构件和配件的局部构造、尺寸、做法、施工要求，装饰装修结构与建筑结构之间的衔接关系与连接形式，以及装饰面之间的对接方式，装饰面上设备的安装方式和固定方法。

5.1 工程量计算依据

新的清单范围楼地面装饰工程划分的子目包含整体面层及找平层、块料面层、橡塑面层、其他材料面层、踢脚线、梯面层、台阶装饰、零星装饰、装配式楼地面及其他 9 节，共 45 个项目。

整体面层及找平层计算依据一览表见表 5-1。

表 5-1 整体面层及找平层计算依据一览表

计算规则	清单规则	定额规则
水泥砂浆楼地面、细石混凝土楼地面、自流平楼地面、耐磨楼地面	按设计图示尺寸以面积计算。扣除凸出地面构筑物、设备基础、室内铁道、地沟等所占面积，不扣除间壁墙及 ≤0.3m² 柱、垛、附墙烟囱及孔洞所占面积。门洞、空圈、暖气包槽、壁龛的开口部分不增加面积	楼地面找平层及整体面层按设计图示尺寸以面积计算。扣除凸出地面构筑物、设备基础、室内铁道、地沟等所占面积，不扣除间壁墙及 ≤0.3m² 柱、垛、附墙烟囱及孔洞所占面积。门洞、空圈、暖气包槽、壁龛的开口部分不增加面积。块料楼地面做酸洗打蜡者，按设计图示尺寸以表面积计算
塑胶地面	按设计图示尺寸以面积计算。门洞、空圈、暖气包槽、壁龛的开口部分并入相应的工程量内	块料面层、橡塑面层及其他材料面层按设计图示尺寸以面积计算。门洞、空圈、暖气包槽、壁龛的开口部分并入相应的工程量内
平面砂浆找平层、混凝土找平层、自流平找平层	按设计图示尺寸以面积计算。扣除凸出地面构筑物、设备基础、室内铁道、地沟等所占面积，不扣除间壁墙及 ≤0.3m² 柱、垛、附墙烟囱及孔洞所占面积。门洞、空圈、暖气包槽、壁龛的开口部分不增加面积	楼地面找平层及整体面层按设计图示尺寸以面积计算。扣除凸出地面构筑物、设备基础、室内铁道、地沟等所占面积，不扣除间壁墙及 ≤0.3m² 柱、垛、附墙烟囱及孔洞所占面积。门洞、空圈、暖气包槽、壁龛的开口部分不增加面积

踢脚线计算依据一览表见表 5-2。

楼梯面层计算依据一览表见表 5-3。

台阶装饰计算依据一览表见表 5-4。

装配式楼地面及其他计算依据一览表见表 5-5。

表 5-2　踢脚线计算依据一览表

计算规则	清单规则	定额规则
水泥砂浆踢脚线	按设计图示尺寸以延长米计算。不扣除门洞口的长度,洞口侧壁也不增加	踢脚线按设计图示长度乘以高度以面积计算。楼梯靠墙踢脚线(含锯齿形部分)贴块料按设计图示面积计算
石材踢脚线	按设计图示尺寸以面积计算	
块料踢脚线、塑料板踢脚线、木质踢脚线	按设计图示尺寸以延长米计算	
金属踢脚线	按设计图示尺寸以面积计算	
防静电踢脚线	按设计图示尺寸以延长米计算	

表 5-3　楼梯面层计算依据一览表

计算规则	清单规则	定额规则
水泥砂浆楼梯面层、石材楼梯面层、块料楼梯面层、地毯楼梯面层、木板楼梯面层、橡胶板楼梯面层、塑料板楼梯面层	按设计图示尺寸以楼梯(包括踏步、休息平台及≤500mm 的楼梯井)水平投影面积计算。楼梯与楼地面相连时,算至梯口梁内侧边沿;无梯口梁者,算至最上一层踏步边沿加 300mm	按设计图示尺寸以楼梯(包括踏步、休息平台及≤500mm 的楼梯井)水平投影面积计算。楼梯与楼地面相连时,算至梯口梁内侧边沿;无梯口梁者,算至最上一层踏步边沿加 300mm

表 5-4　台阶装饰计算依据一览表

计算规则	清单规则	定额规则
水泥砂浆台阶面、石材台阶面、拼碎块料台阶面、块料台阶面、剁假石台阶面	按设计图示尺寸以台阶(包括最上层踏步边沿加 300mm)水平投影面积计算	按设计图示尺寸以台阶(包括最上层踏步边沿加 300mm)水平投影面积计算

表 5-5　装配式楼地面及其他计算依据一览表

计算规则	清单规则	定额规则
架空地板	按设计图示尺寸以面积计算。门洞、空圈、暖气包槽、壁龛的开口部分并入相应的工程量内	—
卡扣式踢脚线	按设计图示尺寸以延长米计算	—

5.2　工程案例实战分析

5.2.1　问题导入

相关问题:

1)简述楼地面的分类及其工程量计算规则。

2)楼梯面层和台阶怎么区分?台阶工程量如何计算?

3）简述现浇混凝土楼梯与预制混凝土楼梯的区别以及在工程量计算时有否不同之处。

4）什么是架空地板？架空地板工程量如何计算？

5）简述踢脚线的分类及其工程量计算规则。

5.2.2 案例导入与算量解析

1. 整体面层及找平层

（1）名词概念

1）水泥砂浆楼地面。水泥砂浆楼地面应用比较普遍，是直接在现浇混凝土垫层的水泥砂浆找平层上施工的一种传统整体地面。水泥砂浆楼地面做法，如图 5-1 所示。

音频 5-1：整体面层及找平层

一般采用 1：2.5 的水泥砂浆一次抹成。即单层做法，但厚度不宜过大，一般为 15~20mm。

水泥砂浆楼地面属于低档地面，造价低，施工方便，但不耐磨，易起砂、起灰。

2）细石混凝土楼面。细石混凝土楼面是在楼面结构或地面垫层上不做找平层，直接用细石混凝土做楼面面层，随打随抹、一次成型。细石混凝土是混凝土的一种，把普通混凝土中的石子换成小石子。

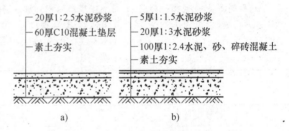

- 20厚1:2.5水泥砂浆
- 60厚C10混凝土垫层
- 素土夯实

- 5厚1:1.5水泥砂浆
- 20厚1:3水泥砂浆
- 100厚1:2.4水泥、砂、碎砖混凝土
- 素土夯实

a)   b)

图 5-1 水泥砂浆楼地面做法
a）底层地面单层做法 b）底层地面双层做法

3）自流平。自流平是一种地面施工技术，它是多种材料同水混合而成的液态物质，倒入地面后，这种物质可根据地面的高低不同顺势流动，对地面进行自动找平，并很快干燥，固化后的地面会形成光滑、平整、无缝的新基层。一般情况自流平最薄能做到 3mm，不宜过厚。自流平有很多种，有环氧自流平，也有水泥自流平等。

4）找平层。找平层是指水泥砂浆找平层，有比较特殊要求的可采用细石混凝土、沥青砂浆、沥青混凝土等材料铺设找平层。

（2）案例导入与算量解析

【例 5-1】 某建筑平面图如图 5-2 所示，内外墙均为 240mm，轴线居中。地面为水泥砂浆地面，铺设找平层和混凝土垫层，试计算其水泥砂浆楼地面工程量。

C1 1800×1500
C1 1800×1500
240
M2 900×2100
240
6000
M1 1000×2200
5500
5500

图 5-2 某建筑平面图

【解】

（1）识图内容

通过题干内容及图示可知，内外墙均为 240mm，轴线居中。

（2）工程量计算

① 清单工程量

水泥砂浆地面面积为 $S = (5.5 - 0.12 \times 2) \times (6.0 - 0.12 \times 2) \times 2 = 60.60（m^2）$

② 定额工程量

定额工程量同清单工程量。

【小贴士】式中：(5.5-0.12×2)×(6.0-0.12×2)×2为水泥砂浆地面面积；0.12 为墙体厚度。

【例 5-2】　某办公楼二层示意图如图 5-3 所示，做法为内外墙厚均为 240mm，1∶2.5 水泥砂面层 25mm 厚，素水泥砂浆一道；C20 细石混凝土找平层 100mm 厚；水泥砂浆踢脚线 150mm 高，门窗洞口尺寸为 900mm×2100mm，试计算某办公楼二层楼地面的工程量。

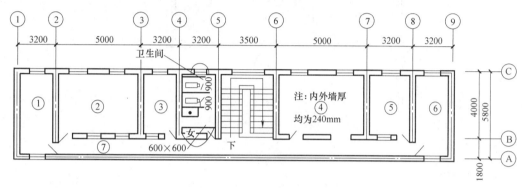

图 5-3　某办公楼二层示意图

【解】

（1）识图内容

通过题干内容可知内外墙厚均为 240mm，门窗洞口尺寸为 900mm×2100mm，①、②、③、④、⑤、⑥、⑦房间尺寸分别为 3200mm × 5800mm、5000mm × 4000mm、3200mm × 4000mm、5000mm×4000mm、3200mm×4000mm、3200mm×5800mm、（5000+3200+3200+3500+5000+3200）mm×1800mm。

（2）工程量计算

① 清单工程量

$$
\begin{aligned}
S =& (3.2-0.12×2)×(5.8-0.12×2)+(5.0-0.12×2)×(4.0-0.12×2)+ \\
& (3.2-0.12×2)×(4.0-0.12×2)+(5.0-0.12×2)×(4.0-0.12×2)+ \\
& (3.2-0.12×2)×(4.0-0.12×2)+(3.2-0.12×2)×(5.8-0.12×2)+ \\
& (5.0+3.2+3.2+3.5+5.0+3.2-0.12×2)×(1.8-0.12×2) \\
=& 126.63(\text{m}^2)
\end{aligned}
$$

② 定额工程量

定额工程量同清单工程量。

【小贴士】式中：(3.2-0.12×2)×(5.8-0.12×2)、(5.0-0.12×2)×(4.0-0.12×2)、(3.2-0.12×2)×(4.0-0.12×2)、(5.0-0.12×2)×(4.0-0.12×2)、(3.2-0.12×2)×(4.0-0.12×2)、(3.2-0.12×2)×(5.8-0.12×2) 分别为图中①、②、③、④、⑤、⑥办公层二楼房间的面积；0.24 为内外墙体厚度；(5.0+3.2+3.2+3.5+5.0+3.2-0.12×2) 为走廊⑦的长度，(1.8-0.12×2) 为走廊⑦的宽度。

【例 5-3】　某房间平面图如图 5-4 所示，此房间做水泥砂浆整体面层，试计算水泥砂浆整体面层的工程量。

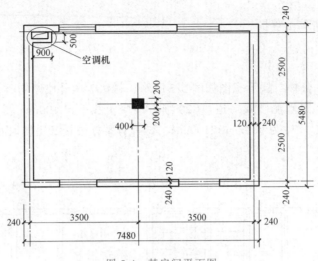

图 5-4　某房间平面图

【解】

（1）识图内容

通过题干内容可知，柱子截面尺寸为 400mm×400mm，墙体厚度为 360mm，空调机所占面积为 900mm×500mm。

（2）工程量计算

① 清单工程量

$$S = (3.5+3.5-0.12×2)×(2.5+2.5-0.12×2)-0.9×0.5-0.4×0.4 = 31.57（m^2）$$

② 定额工程量

定额工程量同清单工程量。

【小贴士】 式中：$(3.5+3.5-0.12×2)×(2.5+2.5-0.12×2)$ 为房间面层面积；$0.9×0.5$ 为空调机所占面积；$0.4×0.4$ 为柱子所占面积。

2. 踢脚线

（1）名词概念

踢脚线是地面与墙面交接处的构造处理，具有遮盖墙面与地面之间接缝的作用，并可防止碰撞墙面或擦洗地面时弄脏墙面。踢脚线的材料有缸砖、木、水泥砂浆和水磨石等，如图 5-5 和图 5-6 所示。

视频 5-1：踢脚线

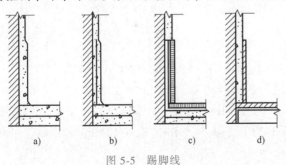

图 5-5　踢脚线

a）水泥砂浆踢脚线　b）水磨石踢脚线

c）缸砖踢脚线　d）木踢脚线

图 5-6　踢脚线实物图

（2）案例导入与算量解析

【例 5-4】 某房屋装饰图如图 5-7 所示，室内 200mm 高的水泥砂浆踢脚线（墙体厚度为 240mm，轴线居中），侧边不做踢脚线。试计算水泥砂浆踢脚线的工程量。

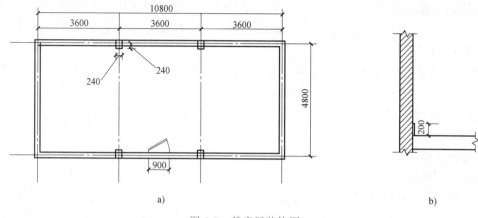

图 5-7 某房屋装饰图

a）房屋平面图 b）踢脚线详图

【解】

（1）识图内容

从题干可知，建筑物墙体厚度为 240mm，轴线居中，侧边不做踢脚线。砂浆踢脚线高度为 200mm，门洞的尺寸为 900mm，所以砂浆踢脚线的长度为 $[(10.8-0.24+4.8-0.24+0.24×4)×2-0.90]$mm。

（2）工程量计算

① 清单工程量

砂浆踢脚线长度 $= (10.8-0.24+4.8-0.24+0.24×4)×2-0.90 = 31.26(m)$

② 定额工程量

踢脚线按设计图示长度乘以高度以面积计算。楼梯靠墙踢脚线（含锯齿形部分）贴块料按设计图示面积计算。

$$砂浆踢脚线面积 = [(10.8-0.24+4.8-0.24+0.24×4)×2-0.90]×0.20$$
$$= 6.25(m^2)$$

【小贴士】 式中：0.24 为墙体的厚度；$[(10.8-0.24+4.8-0.24+0.24×4)×2-0.90]$ 为水泥砂浆踢脚线的长度；0.90 为门洞的尺寸；0.20 为踢脚线高度。

【例 5-5】 某套间平面图如图 5-8 所示，地板为木质地板，踢脚线为 150mm 高的木质踢脚线，计算木质踢脚线工程量。

（1）识图内容

通过题干内容可知，木质踢脚线清单规则按设计图示尺寸以延长米计算。

（2）工程量计算

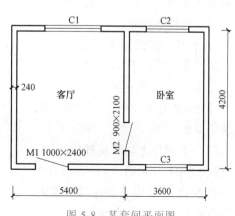

图 5-8 某套间平面图

① 清单工程量

踢脚线工程量 $L = [(5.4-0.24)+(4.2-0.24)]×2+[(3.6-0.24)+(4.2-0.24)]×2$
$= 32.88(m)$

② 定额工程量

踢脚线按设计图示长度乘以高度以面积计算。楼梯靠墙踢脚线（含锯齿形部分）贴块料按设计图示面积计算。

踢脚线工程量 $S = \{[(5.4-0.24)+(4.2-0.24)]×2+[(3.6-0.24)+(4.2-0.24)]×2\}×0.15$
$= 32.88×0.15 = 4.932(m^2)$

【小贴士】式中：0.24 为墙体厚度；$[(5.4-0.24)+(4.2-0.24)]×2+[(3.6-0.24)+(4.2-0.24)]×2$ 为套间踢脚线长度；0.15 为踢脚线高度。

3. 楼梯面层

（1）名词概念

1）楼梯是建筑物中作为楼层间垂直交通用的构件之一，用于楼层之间和高差较大时的交通联系。在设有电梯、自动梯作为主要垂直交通手段的多层和高层建筑中也要设置楼梯。高层建筑尽管采用电梯作为主要垂直交通工具，但仍然要保留楼梯以供火灾时逃生之用。楼梯由连续梯级的梯段（又称梯跑）、平台（休息平台）和围护构件等组成。楼梯的最低和最高一级踏步间的水平投影距离为梯长，梯级的总高为梯高。楼梯剖面图如图 5-9 所示。

2）石材楼梯面层常采用大理石、花岗石块、水泥、砂、白水泥等材料（图 5-10），各材料的选用要求如下：

① 大理石、花岗石块。均应为加工厂的成品，其品种、规格、质量应符合设计要求和施工规范要求，在铺装前应采取防护措施，防止出现污损、泛碱等现象。

② 水泥。宜选用普通硅酸盐水泥，强度等级不小于 42.5 级。

③ 砂。宜选用中砂或粗砂。

④ 擦缝用白水泥、矿物颜料，清洗用草酸、蜡。

（2）案例导入与算量解析

【例 5-6】 如图 5-11 所示为某建筑楼梯间，它与走廊连接，采用直线双跑形式，墙体厚度为 240mm，

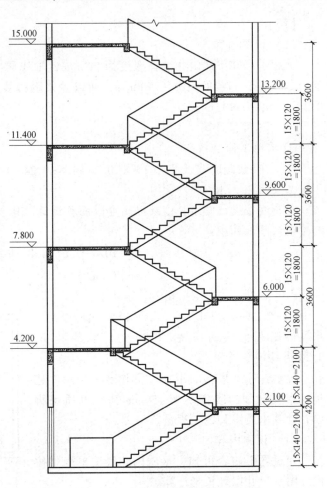

图 5-9 楼梯剖面图

楼梯满铺大理石，试计算该层楼梯大理石工程量。

图 5-10　石材楼梯面层

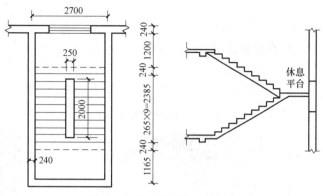

图 5-11　某建筑楼梯间示意图

【解】

（1）识图内容

已知计算规则按设计图示尺寸以楼梯（包括踏步、休息平台及≤500mm 的楼梯井）水平投影面积计算，得出楼梯的水平投影面积为［（2.7-0.24）×（1.165+0.24+2.385+0.24-0.12）］mm²，其中墙体厚度为 240mm。

（2）工程量计算

① 清单工程量

$$S=(2.7-0.24)\times(1.165+0.24+2.385+0.24-0.12)=9.62(m^2)$$

② 定额工程量

定额工程量同清单工程量。

【小贴士】式中：（2.7-0.24）×（1.165+0.24+2.385+0.24-0.12）为楼梯水平投影面积；0.24 为墙体厚度。

【例 5-7】　某 6 层建筑物，平台梁宽 250mm，欲铺贴大理石楼梯面，其中墙体厚度为 240mm，轴线居中。试根据如图 5-12 所示平面图计算其工程量。

【解】

（1）识图内容

通过题干内容可知，楼梯面层按设计图示尺寸以楼梯（包括踏步、休息平台及≤500mm 的楼梯井）水平投影面积计算。

（2）工程量计算

① 清单工程量

石材楼梯面层工程量 $S=(1.65+1.65-0.24)\times(1.6+2.97+$
$2.83-0.24)\times(6-1)$
$=109.548(m^2)$

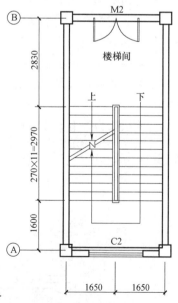

图 5-12　某石材楼梯平面图

② 定额工程量

定额工程量同清单工程量。

【小贴士】式中：0.24 为墙体厚度；（1.65＋1.65−0.24）×（1.6＋2.97＋2.83−0.24）为石材楼梯水平投影面积；（6−1）为建筑物 6 层，共 5 层楼梯。

视频 5-2：
台阶装饰

音频 5-2：台
阶装饰

4. 台阶装饰

（1）名词概念

台阶一般是指用砖、石、混凝土等筑成的一级一级供人上下的建筑物，多设置在大门前或坡道上，如图 5-13 和图 5-14 所示。

图 5-13 台阶

图 5-14 室外台阶

台阶是连接入口处室内外高差的重要构件。一般室内高度都会比室外高度要高，是为了防止雨水流入室内。

台阶的构造分实铺和架空两种，一般大部分都采用实铺台阶。

台阶构造层次为面层、台阶垫层（台阶的材质种类）和基层如图 5-15 所示。

台阶面层是台阶的装饰面层，一般由水泥砂浆、水磨石、天然石材和人造石材等材料构成。如图 5-16 所示。

台阶的垫层一般由混凝土、石材或者砖砌体构成。如图 5-17 所示。

台阶的基层一般是夯实的土壤，在寒冷地区，为了防止冻害，在基层与混凝土垫层之间还应设置砂垫层。

台阶层按做法有砖砌台阶、石材台阶和混凝土台阶之分。如图 5-18 所示。

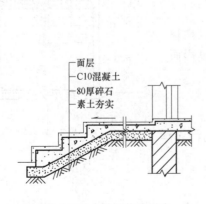

图 5-15 台阶的构造层次

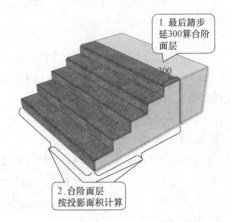

图 5-16 台阶面层

图 5-17 台阶垫层

图 5-18 台阶层

台阶装饰包括石材台阶面、块料台阶面、拼碎块料台阶面、水泥砂浆台阶面、现浇水磨石台阶面和剁假石台阶面。如图 5-19 和图 5-20 所示。

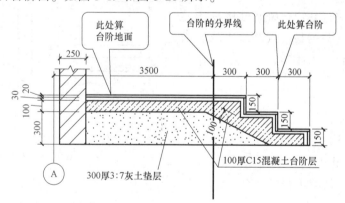

图 5-19 台阶剖面图

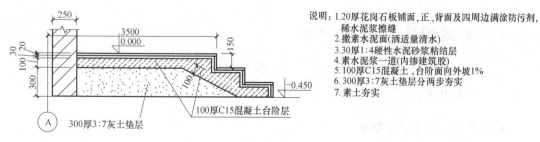

说明：1.20厚花岗石板铺面，正、背面及四周边满涂防污剂，稀水泥浆擦缝
2.撒素水泥面(洒适量清水)
3.30厚1:4硬性水泥砂浆粘结层
4.素水泥浆一道(内掺建筑胶)
5.100厚C15混凝土，台阶面向外坡1%
6.300厚3:7灰土垫层分两步夯实
7.素土夯实

图 5-20 台阶装饰详图

（2）案例导入与算量解析

【例5-8】 如图5-21所示为某建筑楼梯间入口处用水泥砂浆铺贴的500mm×500mm花岗石地面及花岗石台阶，试计算其工程量。

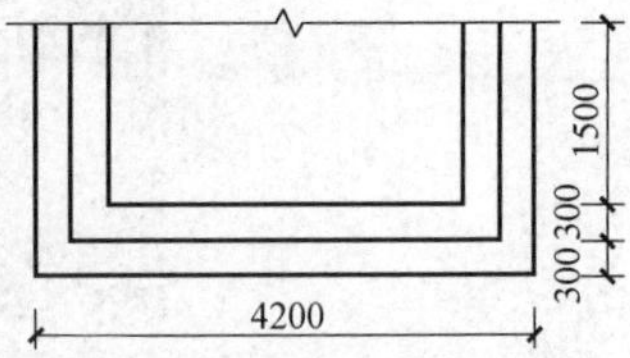

图 5-21　某建筑花岗石
台阶示意图

【解】

（1）识图内容

通过题干内容可知，台阶装饰按设计图示尺寸以台阶（包括最上层踏步边沿加300mm）水平投影面积计算。

（2）工程量计算

① 清单工程量

水泥砂浆铺贴500mm×500mm花岗石地面工程量为

$$S_1 = (4.2 - 0.3 \times 6) \times (1.5 - 0.3) = 2.880 \ (m^2)$$

水泥砂浆铺贴500mm×500mm花岗岩台阶工程量为

$$S_2 = 4.2 \times (1.5 + 0.3 \times 2) - 2.880 = 5.940 \ (m^2)$$

② 定额工程量

定额工程量同清单工程量。

【小贴士】 式中：4.2、（1.5+0.3×2）分别为台阶水平投影长度、宽度；0.3为台阶宽度。

【例5-9】 求如图5-22所示剁假石台阶面工程量（台阶长度为3.5m）。

【解】

（1）识图内容

通过题干内容可知，台阶装饰按设计图示尺寸以台阶（包括最上层踏步边沿加300mm）水平投影面积计算。

（2）工程量计算

① 清单工程量

$$S = 3.5 \times 0.3 \times 3$$
$$= 3.15 \ (m^2)$$

② 定额工程量

定额工程量同清单工程量。

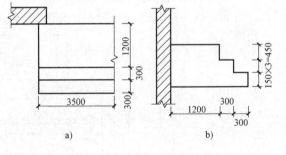

图 5-22　剁假石台阶示意图
a）台阶平面图　b）台阶剖面图

【小贴士】 式中：3.5为台阶长度；0.3为台阶宽度；3为台阶个数。

5.3　关系识图与疑难分析

5.3.1　关系识图

1. 细石混凝土楼地面与垫层

（1）性质不同

细石混凝土楼地面是在楼面结构或地面垫层上不做找平层，直接用细石混凝土做楼面面层，随打随抹、一次成型。细石混凝土是混凝土的一种，把普通混凝土中的石子换成小石子。如图 5-23 所示。

细石混凝土垫层一般是指粗骨料最大粒径不大于 15mm 的混凝土，用于楼地面或者散水垫层。如图 5-24 所示。

（2）作业条件不同

1）细石混凝土楼地面的作业条件。

① 已施工完的结构办理完验收手续。

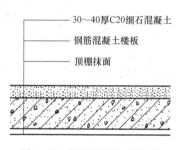

图 5-23 细石混凝土楼地面

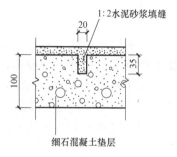

图 5-24 细石混凝土垫层

② 室内墙面四周弹好+50cm 水平线。

③ 室内门口（框）立完并钉好保护钢板或木板。

④ 安装好穿过楼板的立管，并将管洞堵严。

⑤ 浇灌楼板板缝混凝土。

⑥ 室内门口处高于楼板的砖层剔凿平整。

⑦ 夜晚作业时，设置照明以保证操作安全。

2）垫层的作用条件。

① 路基经常处于潮湿和过湿状态的路段，以及在季节性冰冻地区易产生冰冻危害的路段应设垫层。

② 垫层材料有粒料和无机结合料稳定土两类。粒料包括天然砂砾、粗砂和炉渣等。采用粗砂和天然砂砾时，小于 0.074mm 的颗粒含量应小于 5%；采用炉渣时，小于 2mm 的颗粒含量宜小于 20%。

（3）应用范围不同

1）细石混凝土楼地面的应用范围。

细石混凝土楼地面用于厂房或材料、设备库房楼地面。

2）垫层的应用范围。

① 方便施工放线、支基础模板。

② 确保基础板底筋的有效位置，保护层好控制；使底筋和土壤隔离不受污染。

③ 方便基础底面做防腐层。

④ 找平，通过调整厚度弥补土方开挖的误差，使底板受力在一个平面上。

2. 楼梯与台阶

楼梯是垂直通行空间的重要设施。楼梯的通行和使用不仅要考虑健全人的使用需要，同时应考虑残疾人、老年人的使用要求。楼梯的形式每层按 2 跑或 3 跑直线形梯段为好，如图 5-25 所示，避免采用每层单跑式楼梯和弧形及螺旋形楼梯。如图 5-25 所示。

公共建筑主要楼梯的位置要易于发现，楼梯间要明亮，梯段的净宽度和休息平台的深度不应小于 1.50m，以保障人员对行通过。

踏面的前缘如有凸出部分，应设计成圆弧形，不应设计成直角形，如图 5-26 所示。踏面应选用防滑材料并在前缘设置防滑条，不得选用没有踢面的镂空踏步。

在扶手的下方要设高 50mm 的安全挡台，如图 5-27 所示。

楼梯通常指的是连接楼层之间交通的构件；台阶通常指的是连接室内外交通的构件，一般都设置在首层并且直接作用在地基上。从施工角度上来讲，施工难度相差较大。台阶施工简单，一般为两步到三步，施工精度要求低；楼梯施工要测设定位，支拆模板，施工过程中要不断校正纠偏，精度要求高，而且还需处理施工缝。

图 5-25　楼梯

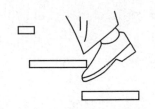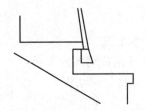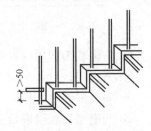

图 5-26　无踢面踏步和凸缘直角形踏步　　　　图 5-27　踏步安全挡台

楼梯工程量是按设计图示尺寸以楼梯（包括踏步、休息平台及 ≤500mm 的楼梯井）水平投影面积计算。

台阶工程量是按设计图示尺寸以台阶（包括最上层踏步边沿加 300mm）水平投影面积计算。台阶计算宽度，如图 5-28 所示。

台阶的牵边，是指楼梯、台阶踏步的端部为防止流水直接从踏步端部流出的构造做法。台阶的翼墙，是指坡道或台阶两边的挡墙。台阶的牵边与翼墙如图 5-29 所示。

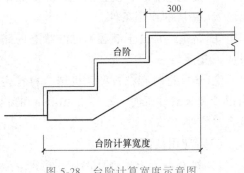

图 5-28　台阶计算宽度示意图

台阶的挡墙，是指台阶两侧直立的墙。台阶挡墙不是挡土墙，而是一挂台阶两侧的山墙。有挡土作用但装饰作用更大些，做成楼梯扶手的样子也可以。基础很浅，无须抗倾覆验算。如图 5-30 所示。

台阶梯带是指用砖砌体或混凝土在楼梯踏步两侧做保护用的砌体矮墙，如果换成不锈钢钢管就是我们常说的楼梯护栏，梯带一般只有在算楼梯砖砌体工程量或者混凝土工程量时，才需要注明是否包含了楼梯梯带和楼梯挡墙（挡墙在梯带的下面），如图 5-31 所示。

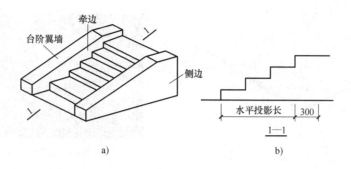

图 5-29　台阶的牵边与翼墙

a）台阶结构图　b）1—1 剖面图

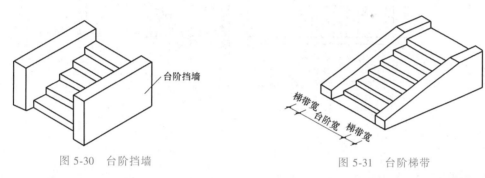

图 5-30　台阶挡墙　　　　　　　　　　　图 5-31　台阶梯带

简单来讲，台阶两侧直立的墙为台阶挡墙；台阶两侧做成与踏步沿平齐的斜面挡墙为牵边。在楼梯踏步板上做成上下连成一体的斜道为梯带。

3. 架空地板

架空地板又称为耗散型静电地板，是用支架、横梁、面板组装而成的一种地板，地面和地板之间有一定的悬空空间，可以用来走线及送风等。如图 5-32 所示。

越来越多的高端写字楼、计算机机房或者剧院都采用架空地板。采用架空地板可以防止静电，从架空空间排布线路不影响办公室美观，可以保持楼板清洁，便于日后维护。如图 5-33 所示。

视频 5-3：
架空地板

5.3.2　疑难分析

（1）与楼梯相连

若楼梯与楼地面相连时，算至梯梁内侧边沿；无梯梁者，算至最上一层踏步边沿加 300mm。

若楼梯与楼板相连时，其水平长度算至与楼板相连接的梁的外侧面，如图 5-34 所示。

（2）现浇混凝土楼梯

当整体楼梯与现浇板无梯梁连接时，以楼梯的最后一个踏步边缘加 300mm 为界。

（3）预制混凝土楼梯

预制混凝土楼梯施工速度快，有利于建筑工业化，但其整体性差，有时需要必要的吊装设备。

图 5-32　架空地板

图 5-33　架空地板安装实图

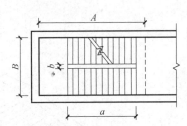

图 5-34　现浇混凝土楼梯示意图

第6章 墙、柱面装饰与隔断、幕墙工程

6.1 工程量计算依据

新的清单范围墙、柱面装饰与隔断、幕墙工程划分的子目包含墙、柱面抹灰，零星抹灰，墙、柱面块料面层，零星块料面层，墙、柱饰面，幕墙工程和隔断7节，共24个项目。墙、柱面装饰与隔断、幕墙工程计算依据一览表见表6-1。

表6-1 墙、柱面装饰与隔断、幕墙工程计算依据一览表

计算规则	清单规则	定额规则
墙、柱面一般抹灰	按设计图示尺寸以面积计算。扣除墙裙、门窗洞口及单个>0.3m² 的孔洞面积，不扣除踢脚线、挂镜线和墙与构件交接处的面积，门窗洞口和孔洞的侧壁及顶面不增加面积；附墙柱、梁、垛、烟囱侧壁并入相应的墙面面积内；展开宽度>300mm 的装饰线条，按图示尺寸以展开面积并入相应墙面、墙裙内	1. 内墙面、墙裙抹灰面积应扣除门窗洞口和单个面积>0.3m² 以上的空圈所占的面积，不扣除踢脚线、挂镜线及单个≤0.3m² 的孔洞和墙与构件交接处的面积。且门窗洞口、空圈、孔洞的侧壁面积也不增加，附墙柱的侧面抹灰应并入墙面、墙裙抹灰工程量内计算 2. 内墙面、墙裙的长度以主墙间的图示净长计算，墙面高度按室内地面至天棚(顶棚)底面净高计算，墙面抹灰面积应扣除墙裙抹灰面积，如墙面和墙裙抹灰种类相同者，工程合合并计算 3. 如设计有室内吊顶时，内墙抹灰、柱面抹灰的高度算至吊顶底面另加 100mm 4. 外墙抹灰面积按垂直投影面积计算，应扣除门窗洞口、外墙裙(墙面和墙裙抹灰种类相同者应合并计算)和单个面积>0.3m² 的孔洞所占面积，不扣除单个面积≤0.3m² 的孔洞所占面积，门窗洞口及孔洞侧壁面积也不增加。附墙柱侧面抹灰面积应并入外墙面抹灰面积工程量内 5. 柱抹灰按结构断面周长乘以抹灰高度计算
零星项目一般抹灰	按设计图示尺寸以体积计算	"零星项目"按设计图示尺寸以展开面积计算
石材墙、柱面	按镶贴表面积计算	1. 挂贴石材零星项目中柱墩、柱帽是按圆弧形成品考虑的，按其圆的最大外径周长计算；其他类型的柱帽、柱墩工程量按设计图示尺寸以展开面积计算 2. 镶贴块料面层，按镶贴表面积计算 3. 柱镶贴块料面层按设计图示饰面外围尺寸乘以高度以面积计算

（续）

计算规则	清单规则	定额规则
墙、柱面装饰板	按设计图示尺寸以面积计算。扣除门窗洞口及单个>0.3m² 的孔洞所占面积	1. 龙骨、基层、面层墙饰面项目按设计图示饰面尺寸以面积计算，扣除门窗洞口及单个>0.3m² 以上的空圈所占的面积，不扣除单个面积≤0.3m² 的孔洞所占面积，门窗洞口及孔洞侧壁面积也不增加 2. 柱（梁）饰面的龙骨、基层、面层按设计图示饰面尺寸以面积计算，柱帽、柱墩并入相应柱面积计算
全玻（无框玻璃）幕墙	按设计图示尺寸以面积计算。带肋全玻幕墙按展开面积计算	玻璃幕墙、铝板幕墙以框外围面积计算；半玻璃隔断、全玻幕墙如有加强肋者，工程量按其展开面积计算
隔断现场制作、安装	按设计图示框外围尺寸以面积计算。不扣除单个≤0.3m² 的孔洞所占面积；浴厕门的材质与隔断相同时，门的面积并入隔断面积内	隔断按设计图示框外围尺寸以面积计算，扣除门窗洞口及单个面积>0.3m² 的孔洞所占面积

6.2 工程案例实战分析

6.2.1 问题导入

相关问题：

1）墙面抹灰是什么？如何进行计算？

2）柱面抹灰应如何计算？

3）墙、柱面镶贴块料面层包括哪些？

4）幕墙、隔断的种类有哪些？

5）幕墙、隔断工程量是如何计算的？

6.2.2 案例导入与算量解析

1. 墙面抹灰

（1）名词概念

墙面抹灰是指在墙面上抹水泥砂浆、混合砂浆、白灰砂浆的面层工程。室内外墙面抹灰是建筑结构施工完成之后的一项主要工作，可以起到防潮、防风化、隔热等功能，避免建筑物墙体受到风、雨、雪等的侵蚀。大模板施工的混凝土墙面光洁平整，但大模板施工的墙体在纵横墙交接处、楼梯间上下层交接处、门窗洞口处等部位，需进行抹灰找直。如图 6-1 所示。

（2）案例导入与算量解析

【例 6-1】 某工程平面图如图 6-2 所示，立面图如图 6-3 所示，三维软件

视频 6-1：
墙面抹灰

音频 6-1：
墙面抹灰
注意事项

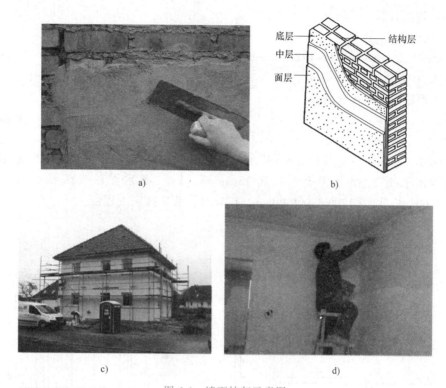

图 6-1　墙面抹灰示意图

a）墙面底层抹灰现场　b）墙面抹灰构造图　c）外墙面抹灰现场图　d）内墙面抹灰现场图

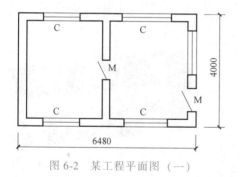

图 6-2　某工程平面图（一）

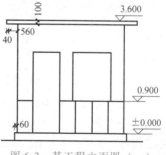

图 6-3　某工程立面图（一）

绘制图如图 6-4 所示，外墙面抹水泥砂浆，底层为 1∶3 水泥砂浆打底 14mm 厚，面层为 1∶2 水泥砂浆抹面 6mm 厚；外墙裙水刷石，1∶3 水泥砂浆打底 12mm 厚，素水泥浆两遍，1∶2.5 水泥白石子 10mm 厚；M 为 1000mm×2100mm，C 为 1200mm×1500mm，试计算外墙面抹灰工程量。

图 6-4　某工程三维软件绘制图（一）

【解】

（1）识图内容

通过题干内容可知，房间长度为 6.48m，宽度为 4m，M 为 1000mm×2100mm，C 为 1200mm×1500mm，墙裙高度为 0.9m。

（2）工程量计算

① 清单工程量

外墙面抹灰面积 $S = (6.48+4) \times 2 \times (3.6-0.1-0.9) - 1 \times (2.1-0.9) - 1.2 \times 1.5 \times 5 = 44.30$（$m^2$）

② 定额工程量

定额工程量同清单工程量。

【小贴士】 式中：（6.48+4）×2 为外墙面长度；（3.6-0.1-0.9）为墙面高度；1×（2.1-0.9）为门的面积，1.2×1.5×5 为窗的面积。

【例6-2】 某工程平面图如图6-5所示，立面图如图6-6所示，三维软件绘制图如图6-7所示。内墙裙采用1:3水泥砂浆打底15mm厚，1:2.5水泥砂浆面层6mm厚，M为1000mm×2100mm，C为1200mm×1500mm，试计算内墙裙抹灰工程量。

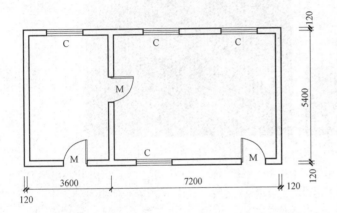

图6-5 某工程平面图（二）

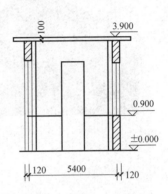

图6-6 某工程立面图（二）

【解】

（1）识图内容

通过图示内容可知，内墙裙长度为（3.6+7.2-0.24×2）m，宽度为（5.4-0.24）m。

（2）工程量计算

清单工程量

图6-7 某工程三维软件绘制图（二）

内墙裙抹灰 $S = [(3.6+7.2-0.24 \times 2) \times 2 + (5.4-0.24) \times 4 - 1 \times 3] \times 0.9 = 34.45$（$m^2$）

【小贴士】 式中：（3.6+7.2-0.24×2）×2 为墙裙长度；（5.4-0.24）×4 为墙面宽度；1×3 为3个门的宽度；0.9 为墙裙高度。

2. 柱面抹灰

（1）名词概念

柱面抹灰是指采用石灰砂浆、混合砂浆、聚合物水泥砂浆、麻刀灰和纸筋灰等对柱子的面层进行抹灰。如图6-8所示。

（2）案例导入与算量解析

【例6-3】 某圆形混凝土柱立面图如图6-9所示，截面图如图6-10所示，三维软件绘制图如图6-11所示。试计算圆形混凝土柱面一般抹灰的工程量。

a)   b)

图 6-8　柱面抹灰示意图

a）柱面抹灰现场图　b）柱面抹灰三维图

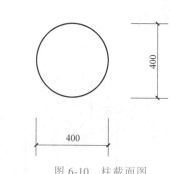

图 6-9　柱立面图　　　　　　图 6-10　柱截面图　　　　　图 6-11　柱三维软件绘制图

【解】

（1）识图内容

通过图示内容可知，柱截面为 0.4m×0.4m，高度为 4.8m。

（2）工程量计算

清单工程量

柱面一般抹灰 $S = 0.4 \times 3.14 \times 4.8 = 6.03$（$m^2$）

【小贴士】　式中：0.4×3.14 为柱周长；4.8 为柱高度。

3．墙、柱面块料面层

（1）名词概念

墙、柱面块料面层是指用大理石、彩釉砖、水泥花砖、缸砖、陶瓷锦砖、碎拼大理石、预制水磨石等块状材料，铺设在砂、水泥砂浆或沥青玛蹄脂等粘结层上的面层。如图 6-12~图 6-17 所示。

墙、柱面镶贴块料面层包括的项目有以下几种：

1）大理石墙柱面。挂贴大理石、碎拼大理石、粘贴大理石、干挂大理石。

2）花岗石墙柱面。挂贴花岗石、碎拼花岗石、粘贴花岗石、干挂花岗石。

视频 6-2：
块料面层

3）汉白玉墙柱面。挂贴汉白玉、粘贴汉白玉。

4）预制水磨石墙柱面。

5）凸凹假麻石墙柱面。

6）陶瓷锦砖墙柱面。

7）瓷板墙柱面。

8）釉面砖墙柱面。

9）劈离砖墙柱面。

10）金属面砖墙柱面。

音频 6-2：
墙、柱面镶
贴块料面层
包括的项目

图 6-12　块料墙面现场图

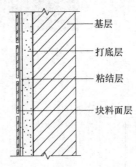

图 6-13　块料墙面构造图

图 6-14　石材墙面现场图

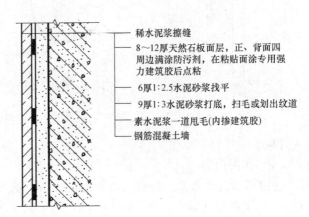

稀水泥浆擦缝

8～12厚天然石板面层，正、背面四周边满涂防污剂，在粘贴面涂专用强力建筑胶后点粘

6厚1:2.5水泥砂浆找平

9厚1:3水泥砂浆打底，扫毛或划出纹道

素水泥浆一道甩毛(内掺建筑胶)

钢筋混凝土墙

图 6-15　石材墙面构造图

图 6-16　石材柱面现场图

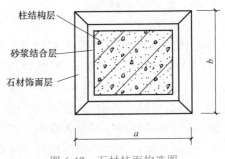

柱结构层

砂浆结合层

石材饰面层

图 6-17　石材柱面构造图

（2）案例导入与算量解析

【例6-4】 某工程外墙裙镶贴大理石平面图如图6-18所示，立面图如图6-19所示，三维软件绘制图如图6-20所示，墙厚240mm，M-1为900mm×2100mm，C-1为1500mm×1800mm。试计算外墙裙镶贴大理石工程量。

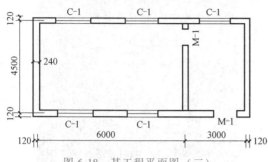

图6-18 某工程平面图（三）

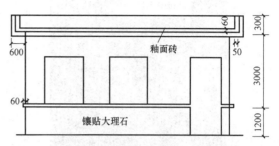

图6-19 某工程立面图（三）

【解】

（1）识图内容

通过题干内容可知，M-1为900mm×2100mm，C-1为1500mm×1800mm，外墙长度为（6+3+0.24）m，内墙长度为（4.5+0.24）m，墙裙高1.2m。

（2）工程量计算

① 清单工程量

图6-20 某工程三维软件绘制图（三）

$$S = (6+3+0.24+4.5+0.24)×2×1.2-0.9×1.2$$
$$= 32.47 （m^2）$$

② 定额工程量

定额工程量同清单工程量。

【小贴士】 式中：$(6+3+0.24+4.5+0.24)×2$为镶贴大理石面层的周长；1.2为墙裙高度；$0.9×1.2$为镶贴大理石面层中门所占的面积。

4. 墙饰面

（1）名词概念

墙饰面是指将天然石材、人造石材、金属饰面板等安装到基层上，以形成装饰面。用金属饰面板、塑料饰面板、木质饰面板、软包带衬板等装饰墙面，形成墙饰面。用装饰板装饰墙面可以起到装饰效果，能保护墙体，增强墙体牢固性、耐用性。如图6-21~图6-24所示。

视频6-3：墙饰面

（2）案例导入与算量解析

【例6-5】 某建筑物室内一侧墙面立面图如图6-25所示，墙上设观景窗，墙裙以下铺设大理石块材，墙裙以上墙面铺贴装饰板，计算该面墙装饰板工程量。

【解】

（1）识图内容

通过图中内容可知，墙长6m，墙高3.9m，窗长4m，窗高2m，墙裙高1.2m。

（2）工程量计算

① 清单工程量

$S = (3.9 - 1.2) \times 6 - 4 \times 2 = 8.2 \ (\text{m}^2)$

② 定额工程量

定额工程量同清单工程量。

图 6-21 墙面饰面层现场图

图 6-22 铝塑板饰面层现场图

图 6-23 木质饰面板面层

图 6-24 软包饰面层

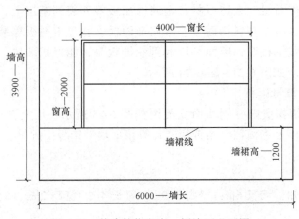

图 6-25 某建筑物室内一侧墙面立面图

【小贴士】　式中：（3.9−1.2）×6 为墙裙以上墙面积；4×2 为窗口所占面积。

【例 6-6】　某墙面平面图如图 6-26 所示为装饰浮雕，已知该墙面全长 3000mm，浮雕高 1500mm，试计算该墙面装饰浮雕工程量。

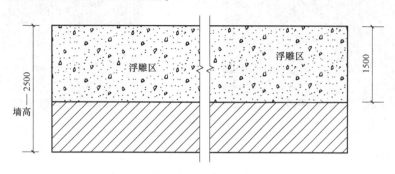

图 6-26　某墙面浮雕平面图

【解】

（1）识图内容

通过题干内容可知，墙长 3m，墙高 2.5m，浮雕高 1.5m。

（2）工程量计算

① 清单工程量

$S = 3×1.5 = 4.5$（m²）

② 定额工程量

定额工程量同清单工程量。

【小贴士】　式中：3 为墙的长度；1.5 为浮雕的高度。

5. 幕墙

（1）名词概念

视频 6-4：
幕墙

幕墙是建筑的外墙围护，不承重，像幕布一样挂上去，故又称为"帷幕墙"，是现代大型和高层建筑常用的带有装饰效果的轻质墙体，由面板和支承结构体系组成，可相对主体结构有一定位移能力或自身有一定变形能力、不承担主体结构所作用的建筑外围护结构或装饰性结构（外墙框架式支撑体系也是幕墙体系的一种）。如图 6-27～图 6-30 所示。

图 6-27　带肋玻璃幕墙

图 6-28　带骨架幕墙

图 6-29　构件式玻璃幕墙

图 6-30　单元式玻璃幕墙

（2）案例导入与算量解析

【例 6-7】　某带骨架幕墙平面如图 6-31 所示，剖面图如图 6-32 所示，共有 2 面，有一面幕墙上开了一扇尺寸为 1800mm×1500mm 的带亮窗，试计算带骨架幕墙的工程量。

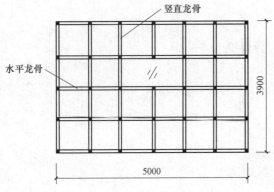

图 6-31　某带骨架幕墙平面图

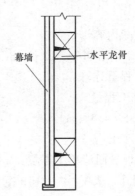

图 6-32　某带骨架幕墙剖面图

【解】

（1）识图内容

通过图示内容可知，幕墙长 5m，幕墙高 3.9m，带亮窗尺寸为 1800mm×1500mm。

（2）工程量计算

① 清单工程量

$S = 5×3.9×2-1.8×1.5 = 36.3$（m²）

② 定额工程量

定额工程量同清单工程量。

【小贴士】　式中：5 为幕墙的长度；3.9 为幕墙的高度；2 为幕墙数量；1.8×1.5 为带亮窗尺寸。

【例 6-8】　某银行营业大厅设计为全玻（无框玻璃）幕墙平面图如图 6-33 所示，试计算全玻幕墙工程量。

【解】

（1）识图内容

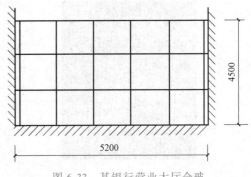

图 6-33　某银行营业大厅全玻（无框玻璃）幕墙平面图

通过图示内容可知，幕墙长 5.2m，幕墙高 4.5m。

（2）工程量计算

① 清单工程量

$S = 5.2 \times 4.5 = 23.4$（m²）

② 定额工程量

定额工程量同清单工程量。

【小贴士】　式中：5.2 为幕墙的长度；4.5 为幕墙的高度。

6. 隔断

（1）名词概念

隔断是指专门作为分隔室内空间的立面，能够使装修风格更加多变，如隔墙、隔断、活动展板、活动屏风、移动隔断、移动屏风、移动隔声墙等。活动隔断具有易安装、可重复利用、可工业化生产、防火且环保等特点。如图 6-34～图 6-39 所示。

视频 6-5：
隔断

音频 6-3：
隔断的功
能性分类

图 6-34　玻璃隔断

图 6-35　活动展板

图 6-36　活动屏风

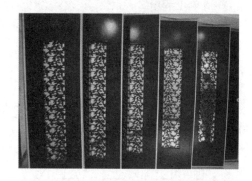

图 6-37　移动隔断

（2）案例导入与算量解析

【例 6-9】　某木隔断平面图如图 6-40 所示，立面图如图 6-41 所示，试计算木隔断工程量。

【解】

（1）识图内容

通过图示内容可知，木隔断长 4.8m，木隔断高 3.3m。

（2）工程量计算

图 6-38　移动屏风　　　　　　　　　　　　　　图 6-39　移动隔声墙

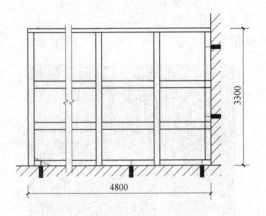

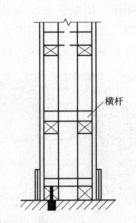

图 6-40　某木隔断平面图　　　　　　　　　　图 6-41　某木隔断立面图

① 清单工程量

$S = 4.8 \times 3.3 = 15.84$（$m^2$）

② 定额工程量

定额工程量同清单工程量。

【小贴士】　式中：4.8 为木隔断的长度；3.3 为木隔断的高度。

【例 6-10】　某学校卫生间木隔断平面图如图 6-42 所示，立面图如图 6-43 所示，隔断高 1500mm，试计算卫生间木隔断工程量。

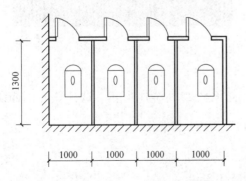

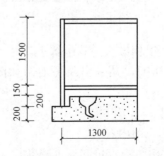

图 6-42　某学校卫生间木隔断平面图　　　　　图 6-43　某学校卫生间木隔断立面图

【解】

（1）识图内容

通过图示内容可知，木隔断总长（1×4+1.3×4）m，木隔断高1.5m。

（2）工程量计算

① 清单工程量

$S = 4.8×3.3 = 15.84$（m^2）

② 定额工程量

定额工程量同清单工程量。

【小贴士】 式中：4.8为木隔断的长度；3.3为木隔断的高度。

6.3 关系识图与疑难分析

6.3.1 关系识图

1. 墙与柱

墙面装饰可以保护墙体，增强墙体的坚固性、耐久性，延长墙体的使用年限，改善墙体的使用功能，提高墙体的保温、隔热和隔声能力，提高建筑的艺术效果，美化环境。

柱面装饰是由柱头、柱体和柱基等部分组成的。除具有承受重量外，还有美化装饰作用。它和墙面、屋顶及室内外其他设计构成一个整体。

外墙抹灰面积按垂直投影面积计算，应扣除门窗洞口、外墙裙（墙面和墙裙抹灰种类相同者应合并计算）和单个面积>0.3m² 的孔洞所占面积，不扣除单个面积≤0.3m² 的孔洞所占面积，门窗洞口及孔洞侧壁面积也不增加。附墙柱侧面抹灰面积应并入外墙面抹灰面积工程量内。

内墙面、墙裙抹灰面积应扣除门窗洞口和单个面积>0.3m² 以上的空圈所占的面积，不扣除踢脚线、挂镜线及单个≤0.3m² 的孔洞和墙与构件交接处的面积，且门窗洞口、空圈、孔洞的侧壁面积也不增加，附墙柱的侧面抹灰应并入墙面、墙裙抹灰工程量内计算。如图 6-44 所示。

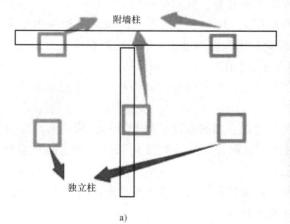
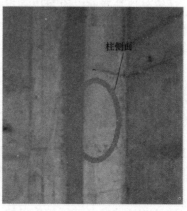

图 6-44 附墙柱抹灰示意图

a）平面图 b）现场图

2. 墙面装饰做法识图（图 6-45）

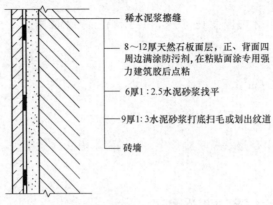

稀水泥浆擦缝

8～12厚天然石板面层，正、背面四周边满涂防污剂,在粘贴面涂专用强力建筑胶后点粘

6厚1:2.5水泥砂浆找平

9厚1:3水泥砂浆打底扫毛或划出纹道

砖墙

图 6-45　墙面装饰示意图

3. 柱面装饰做法识图（图 6-46）

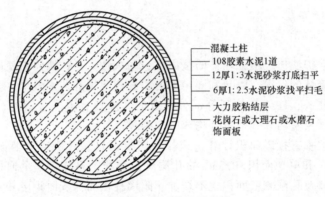

混凝土柱
108胶素水泥1道
12厚1:3水泥砂浆打底扫平
6厚1:2.5水泥砂浆找平扫毛
大力胶粘结层
花岗石或大理石或水磨石饰面板

图 6-46　柱面装饰示意图

6.3.2 疑难分析

1）计算外墙抹灰时，面积按垂直投影面积计算，应扣除门窗洞口、外墙裙（墙面和墙裙抹灰种类相同者应合并计算）和单个面积 $>0.3m^2$ 的孔洞所占面积，不扣除单个面积 $\leqslant 0.3m^2$ 的孔洞所占面积，门窗洞口及孔洞侧壁面积也不增加。附墙柱侧面抹灰面积应并入外墙面抹灰面积工程量内。外墙抹灰计算高度示意图如图 6-47 所示。

2）计算有墙裙的墙面抹灰和墙裙工程量时，扣减门窗洞口面积时要注意墙裙高度与门窗洞口的高度关系，分段扣减。

3）计算内墙面时，内墙面、墙裙的长度以主墙间的图示净长计算，墙面高度按室内地面至天棚（顶棚）底面净高计算，墙面抹灰面积应扣除墙裙抹灰面积，如墙面和墙裙抹灰种类相同者，工程量合并计算。

4）如设计有室内吊顶时，内墙抹灰、柱面抹灰的高度算至吊顶底面另加 100mm。

5）柱抹灰按结构断面周长乘以抹灰高度计算。

6）计算块料面层时，挂贴石材零星项目中柱墩、柱帽是按圆弧形成品考虑的，按其圆的最大外径周长计算；其他类型的柱帽、柱墩工程量按设计图示尺寸以展开面积计算。镶贴

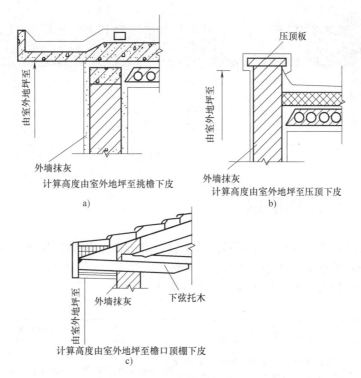

图 6-47 外墙抹灰计算高度示意图

a）外墙抹灰计算高度示意图（有挑檐天沟） b）外墙抹灰计算高度示意图（无挑檐天沟）

c）外墙抹灰计算高度示意图（坡屋面带檐口天棚（顶棚））

块料面层，按镶贴表面积计算。柱镶贴块料面层按设计图示饰面外围尺寸乘以高度以面积计算。

7）计算墙饰面时，龙骨、基层、面层墙饰面项目按设计图示饰面尺寸以面积计算，扣除门窗洞口及单个>0.3m² 以上的空圈所占的面积，不扣除单个面积≤0.3m² 的孔洞所占面积，门窗洞口及孔洞侧壁面积也不增加。柱（梁）饰面的龙骨、基层、面层按设计图示饰面尺寸以面积计算，柱帽、柱墩并入相应柱面积计算。

8）计算幕墙、隔断时，玻璃幕墙、铝板幕墙以框外围面积计算；半玻璃隔断、全玻幕墙如有加强肋者，工程量按其展开面积计算。隔断按设计图示框外围尺寸以面积计算，扣除门窗洞口及单个面积>0.3m² 的孔洞所占面积。

第7章 天棚(顶棚)工程

7.1 工程量计算依据

新的清单范围天棚（顶棚）工程划分的子目包含天棚（顶棚）抹灰，天棚（顶棚）吊顶和天棚（顶棚）其他装饰 3 节，共 12 个项目。

天棚（顶棚）抹灰工程计算依据一览表见表 7-1。

表 7-1　天棚（顶棚）抹灰工程计算依据一览表

计算规则	清单规则	定额规则
天棚(顶棚)抹灰	按设计图示尺寸以水平投影面积计算。不扣除间壁墙、垛、柱、附墙烟囱、检查口和管道所占的面积，带梁天棚（顶棚）的梁两侧抹灰面积并入天棚（顶棚）面积内，板式楼梯底面抹灰按斜面积计算，锯齿形楼梯底板抹灰按展开面积计算	按设计图示尺寸以展开面积计算天棚（顶棚）抹灰。不扣除间壁墙、垛、柱、附墙烟囱、检查口和管道所占的面积，带梁天棚（顶棚）的梁两侧抹灰面积并入天棚（顶棚）面积内，板式楼梯底面抹灰面积（包括踏步、休息平台以及≤500mm 宽的楼梯井）按水平投影面积乘以系数 1.15 计算，锯齿形楼梯底板抹灰面积（包括踏步、休息平台以及≤500mm 宽的楼梯井）按水平投影面积乘以系数 1.37 计算

天棚（顶棚）吊顶工程计算依据一览表见表 7-2。

表 7-2　天棚（顶棚）吊顶工程计算依据一览表

计算规则	清单规则	定额规则
平面吊顶天棚（顶棚）	按设计图示尺寸以水平投影面积计算。不扣除间壁墙、检查口、附墙烟囱、柱垛和管道所占面积，扣除单个>0.3m² 的孔洞、独立柱及与天棚（顶棚）相连的窗帘盒所占的面积	1. 天棚（顶棚）龙骨按主墙间水平投影面积计算，不扣除间壁墙、检查口、附墙烟囱、柱垛和管道所占面积，扣除单个>0.3m² 的空洞、独立柱及与天棚（顶棚）相连的窗帘盒所占的面积。斜面龙骨按斜面积计算
跌级吊顶天棚（顶棚）	按设计图示尺寸以水平投影面积计算。天棚（顶棚）面中的灯槽及跌级天棚（顶棚）面积不展开计算。不扣除间壁墙、检查口、附墙烟囱、柱垛和管道所占面积，扣除单个>0.3m² 的孔洞、独立柱及与天棚（顶棚）相连的窗帘盒所占的面积	2. 天棚（顶棚）吊顶的基层和面层均按设计图示尺寸以展开面积计算。天棚（顶棚）面中的灯槽及跌级、阶梯式、锯齿形、吊挂式、藻井式天棚（顶棚）面积按展开面积计算。不扣除间壁墙、检查口、附墙烟囱、柱垛和管道所占面积，扣除单个>0.3m² 的孔洞、独立柱及与天棚（顶棚）相连的窗帘盒所占的面积
艺术造型吊顶天棚（顶棚）	按设计图示尺寸以水平投影面积计算。天棚（顶棚）面中的灯槽及造型天棚（顶棚）的面积不展开计算。不扣除间壁墙、检查口、附墙烟囱、柱垛和管道所占面积，扣除单个>0.3m² 的孔洞、独立柱及与天棚（顶棚）相连的窗帘盒所占的面积	

（续）

计算规则	清单规则	定额规则
格栅吊顶	按设计图示尺寸以水平投影面积计算	3. 格栅吊顶、藤条造型悬挂吊顶、织物软雕吊顶和装饰网架吊顶，按设计图示尺寸以水平投影面积计算。吊筒吊顶以最大外围水平投影尺寸，以外接矩形面积计算
吊筒吊顶		
藤条造型悬挂吊顶		
织物软雕吊顶		
装饰网架吊顶		

天棚（顶棚）其他装饰工程计算依据一览表见表 7-3。

表 7-3　天棚（顶棚）其他装饰工程计算依据一览表

计算规则	清单规则	定额规则
灯带(槽)	按设计图示尺寸以框外围面积计算	按设计图示尺寸以框外围面积计算
送风口、回风口	按设计图示数量计算	送风口、回风口及灯光孔按设计图示数量计算

7.2　工程案例实战分析

7.2.1　问题导入

相关问题：

1）什么是天棚（顶棚）抹灰？如何计算天棚（顶棚）抹灰工程量？

2）不同材质的吊顶，其工程量计算规则有何不同？

3）平面天棚（顶棚）和跌级天棚（顶棚）如何区分？其工程量如何计算？

4）藻井式天棚（顶棚）和跌级天棚（顶棚）的区别以及工程量如何计算？

5）天棚（顶棚）其他装饰包括什么？其工程量如何计算？

7.2.2　案例导入与算量解析

1. 天棚（顶棚）抹灰

（1）名词概念

天棚（顶棚）抹灰即天花板抹灰。常见的分类有：按抹灰级别不同，可分普、中、高三个等级；按抹灰材料不同，可分为石灰麻刀灰浆、水泥麻刀砂浆、涂刷涂料等；按天棚（顶棚）基层不同，可分为混凝土天棚（顶棚）抹灰、板条天棚（顶棚）抹灰和钢丝网天棚（顶棚）抹灰等。常见天棚（顶棚）抹灰分层做法如图 7-1 所示。

1）混凝土天棚（顶棚）抹灰。在混凝土基层上按设计要求的抹灰材料进行的施工称为混凝土天棚（顶棚）抹灰。

2）板条天棚（顶棚）抹灰。在板条天棚（顶棚）基层上按设计要求的抹灰材料进行的施工称为板条天棚（顶棚）抹灰。

视频 7-1：
天棚（顶棚）
抹灰

音频 7-1：
抹灰工程
分类

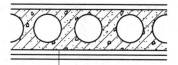

- 楼板或屋面板
- 1:1:6混合砂浆找平层
- 抹灰层
- 其他卷材饰面层

图 7-1　常见天棚（顶棚）抹灰分层做法

3）钢丝网天棚（顶棚）抹灰。在钢丝网天棚（顶棚）基层上按设计要求的抹灰材料进行的施工称为钢丝网天棚（顶棚）抹灰。

4）密肋井字梁天棚（顶棚）抹灰。密肋井字梁天棚（顶棚）抹灰是指带小梁的混凝土天棚（顶棚），平面面积上梁的间距和断面小的天棚（顶棚）抹灰。

（2）案例导入与算量解析

【例 7-1】 某井字梁天棚（顶棚）如图 7-2 所示，墙体厚度为 240mm，轴线居中，板厚为 100mm。试计算井字梁天棚（顶棚）抹灰的工程量。

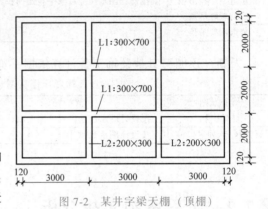

图 7-2 某井字梁天棚（顶棚）

【解】

（1）识图内容

通过题干内容可知，墙体厚度为 240mm 且轴线居中，板厚为 100mm，根据图 7-2 可知 L1：300mm×700mm，L2：200mm×300mm，井字梁天棚（顶棚）的尺寸为 9000mm×6000mm。

（2）工程量计算

① 清单工程量

主墙间水平投影面积 $S_1 = (9-0.24)\times(6-0.24) = 50.46$（$m^2$）

主梁侧面展开面积 $S_2 = (9-0.24-0.2\times2)\times(0.7-0.1)\times2\times2+0.2\times(0.7-0.3)\times2\times3$
$= 20.54$（m^2）

次梁展开面积 $S_3 = (6-0.24-0.3\times2)\times(0.3-0.1)\times2\times2 = 4.13$（$m^2$）

天棚（顶棚）抹灰工程量合计 $S_总 = 50.46+20.54+4.13 = 75.13$（$m^2$）

② 定额工程量

定额工程量同清单工程量。

【小贴士】 式中：9、6 为井字梁天棚（顶棚）的尺寸；0.24 为墙体的厚度；0.1 为板的厚度；2 为主梁、次梁个数。

【例 7-2】 已知某工程现浇井字梁天棚（顶棚）如图 7-3 所示，麻刀石灰浆面层，试计算其天棚（顶棚）抹灰工程量。

【解】

（1）识图内容

由题干可知，该工程现浇井字梁天棚（顶棚）使用麻刀石灰浆面层，图中共有 1 根 300mm×400mm、（6.8-0.24）m 长的主梁、2 根 150mm×250mm、（4.2-0.24-0.3）m 长的次梁。如图 7-3 所示墙体厚度为 240mm，井字梁的长度为 6800mm，宽度为 4200mm。

（2）工程量计算

① 清单工程量

天棚（顶棚）抹灰工程量 $S = (6.8-0.24)\times(4.2-0.24)+(0.4-0.12)\times(6.8-0.24)$
$\times2+(0.25-0.12)\times(4.2-0.24-0.3)\times2\times2-(0.25-0.12)\times0.15$
$= 31.48$（m^2）

② 定额工程量

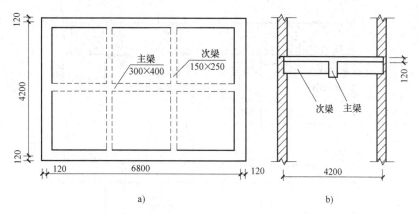

图 7-3　某工程现浇井字梁天棚（顶棚）

a）现浇井字梁平面图　b）主梁与次梁大样图

定额工程量同清单工程量。

【小贴士】　式中：6.8 为井字梁的长度；4.2 为井字梁的宽度；（6.8-0.24）为主梁的长度；（4.2-0.24-0.3）为次梁的长度；0.24 为墙体的厚度；0.4 为主梁的截面宽度；0.25 为次梁的截面宽度；2 为 1 根主次梁侧面的个数。

2. 天棚（顶棚）吊顶

（1）名词概念

吊顶又称天棚（顶棚）、平顶、天花板，是室内装饰工程的一个重要组成部分。吊顶从它的形式来分有直接式和悬吊式两种，目前以悬吊式吊顶的应用最为广泛。悬吊式吊顶的构造主要由基层、悬吊件、龙骨和面层组成，如图 7-4 和图 7-5 所示。

视频 7-2：
天棚（顶棚）
吊顶

音频 7-2：
吊顶

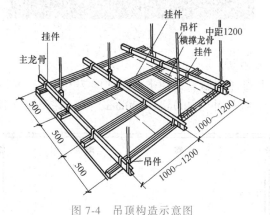

图 7-4　吊顶构造示意图

目前的天棚（顶棚）外观造型主要有以下三种类型：

1）平面天棚（顶棚）。天棚（顶棚）面层在同一标高者，也可称为一级天棚（顶棚）。

2）跌级天棚（顶棚）。天棚（顶棚）面层不在同一标高者为跌级天棚（顶棚），也可称为二级天棚（顶棚）。平面天棚（顶棚）和跌级天棚（顶棚）是指一般直线型天棚（顶棚），构造形状比较简单，不带灯槽，且一个空间内有一个"凸"或"凹"形状的天棚（顶棚）。

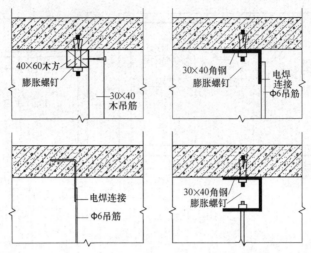

图 7-5　吊顶基本构造形式

3）艺术造型天棚（顶棚）。这是一类外观造型复杂的天棚（顶棚），其实物图如图 7-6 所示。此外，还有弧形、拱形等造型。

图 7-6　艺术造型天棚（顶棚）

（2）案例导入与算量解析

【例 7-3】　某建筑天棚（顶棚）吊顶平面图如图 7-7 所示，墙体厚度为 240mm，若装潢为天棚（顶棚）吊顶，方柱尺寸为 400mm×400mm，试计算天棚（顶棚）吊顶的工程量。

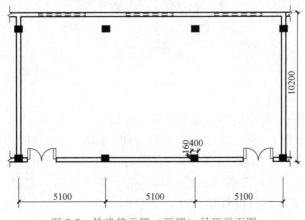

图 7-7　某建筑天棚（顶棚）吊顶平面图

【解】

（1）识图内容

由题干可知，墙体厚度为240mm，装潢为天棚（顶棚）吊顶，方柱尺寸为400mm×400mm。图7-7中天棚（顶棚）吊顶的长度为5100mm×3mm，宽度为10200mm。根据计算规则：按设计图示尺寸以水平投影面积计算，得出天棚（顶棚）吊顶工程量为 $[(5.1×3-0.24)×(10.2-0.24)-0.4×0.4×2]\,m^2$。

（2）工程量计算

① 清单工程量

$$
\begin{aligned}
天棚（顶棚）吊顶工程量\ S &= (5.1×3-0.24)×(10.2-0.24)-0.4×0.4×2\\
&= 15.06×9.96-0.32\\
&= 149.68\ （m^2）
\end{aligned}
$$

② 定额工程量

定额工程量同清单工程量。

【小贴士】 式中：天棚（顶棚）吊顶的长度为5.1×3m，宽度为10.2m；0.24为墙体的厚度；0.4×0.4为方柱尺寸；2为与天棚（顶棚）吊顶接触全面积的方柱个数。

【例7-4】 某客厅天棚（顶棚）尺寸示意图和剖面图如图7-8和图7-9所示，为不上人型轻钢龙骨石膏板吊顶，试计算天棚（顶棚）的工程量。

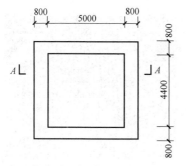

图7-8　某客厅天棚（顶棚）尺寸示意图

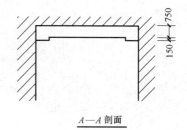

图7-9　A—A剖面图

【解】

（1）识图内容

读图可知某客厅天棚（顶棚）吊顶面积为 $(0.8×2+5)×(0.8×2+4.4)\,m^2$，石膏板基层的高度为0.15m。

（2）工程量计算

① 清单工程量

$$
\begin{aligned}
天棚（顶棚）吊顶工程量\ S_1 &= (0.8×2+5)×(0.8×2+4.4)\\
&= 6.6×6\\
&= 39.6\ （m^2）
\end{aligned}
$$

$$
\begin{aligned}
龙骨的工程量\ S_2 &= (0.8×2+5)×(0.8×2+4.4)\\
&= 6.6×6\\
&= 39.6\ （m^2）
\end{aligned}
$$

石膏板基层的工程量 $S_3 = (0.8×2+5)×(0.8×2+4.4)+(4.4+5)×2×0.15$

$$= 6.6×6+9.4×2×0.15$$
$$= 42.42 \ (m^2)$$

② 定额工程量

定额工程量同清单工程量。

【小贴士】 式中：（0.8×2+5）×（0.8×2+4.4）为天棚（顶棚）吊顶的面积；0.15 为石膏板基层的高度。

3. 其他形式吊顶

这里的"其他形式吊顶"指的是格栅吊顶、吊筒吊顶、藤条造型悬挂吊顶、织物软雕吊顶及装饰网架吊顶。

（1）名词概念

格栅吊顶是指主、副龙骨纵横分部组合成的一种天棚（顶棚），其层次分明，立体感强，造型新颖，防火、防潮、通风好。格栅吊顶一般分为铝格栅、铁格栅和塑料格栅三类，目前市面上应用较多的是铝格栅和铁格栅两种。

音频 7-3：格栅吊顶的选择

其中，格栅吊顶广泛应用于大型商场、餐厅、酒吧、候车室、机场和地铁等场所，其大方美观、历久如新，是装修公司常用的吊顶材料之一，如图 7-10 所示。

用某种材料做成筒状的装饰，悬吊于天棚（顶棚），形成某种特定装饰效果的吊顶称为吊筒式吊顶。如图 7-11 所示。

图 7-10 格栅吊顶效果图

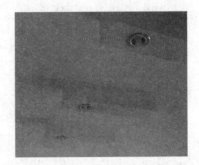

图 7-11 吊筒式吊顶

藤条造型悬挂吊顶是指天棚（顶棚）面层呈条形状的吊顶，如图 7-12 所示。

装饰网架吊顶是指采用不锈钢管、铝合金管等材料制作而成的空间网架结构状的吊顶，如图 7-13 所示。

图 7-12 藤条造型悬挂吊顶

图 7-13 装饰网架吊顶

（2）案例导入与算量解析

【例 7-5】　某书房格栅吊顶平面图如图 7-14 所示，安装示意图如图 7-15 所示，试计算金属格栅吊顶安装的工程量。

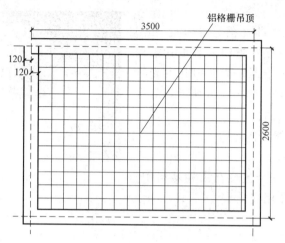

图 7-14　某书房格栅吊顶平面图

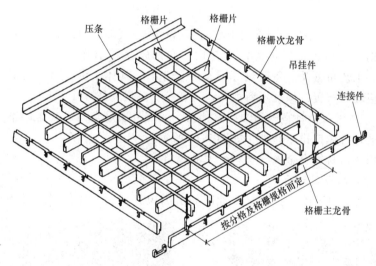

图 7-15　某书房格栅吊顶安装示意图

【解】

（1）识图内容

由清单计算规则可知，格栅吊顶按设计图示尺寸以水平投影面积计算。如图 7-14 和图 7-15 所示，墙体厚度为 240mm，轴线居中，书房格栅吊顶尺寸为 3500mm×2600mm。

（2）工程量计算

① 清单工程量

格栅吊顶工程量 $S = (3.5-0.24)×(2.6-0.24) = 7.694$（$m^2$）

② 定额工程量

定额工程量同清单工程量。

【小贴士】　式中：0.24 为墙体厚度；3.5 为书房格栅吊顶的长度；2.6 为书房格栅吊顶

的宽度。

4.天棚（顶棚）其他装饰

天棚（顶棚）其他装饰包括灯带（槽）以及送风口、回风口。

（1）名词概念

1）灯带（槽）。灯带（槽）是指把 LED 灯用特殊的加工工艺焊接在铜线或者带状柔性线路板上面，再连接上电源发光，因其发光时形状如一条光带而得名，如图 7-16 所示。灯带的主要特征有以下几方面：

图 7-16　灯带

① 柔软，能像电线一样卷曲。

② 能够剪切和延接。

③ 灯泡与电路被完全包覆在柔性塑料中，绝缘，防水性能好，使用安全。

④ 耐气候性强。

⑤ 不易破裂、使用寿命长。

⑥ 易于制作图形、文字等造型。

2）送风口、回风口。

① 送风口。送风口是指空调管道中心向室内运送空气的管口，如图 7-17 所示。送风口的布置应根据室内温湿度精度、允许风速并结合建筑物的特点、内部装修、工艺布置及设备散热等因素综合考虑。具体来讲，对于一般的空调房间，应均匀布置，保证不留死角。一般一个柱网布置 4 个风口。

② 回风口。回风口是将室内污浊空气抽回，一部分通过空调过滤送回室内，另一部分通过排风口排出室外，如图 7-18 所示。

视频 7-3：
送风口与
回风口

送风口、回风口材料有金属、塑料、木质风口等。

（2）案例导入与算量解析

【例 7-6】 某室内天棚（顶棚）平面图如图 7-19 所示，试计算灯带（槽）的工程量。

图 7-17　送风口

图 7-18　回风口

【解】

（1）识图内容

由清单计算规则可知，灯带（槽）按设计图示尺寸以框外围面积计算。

（2）工程量计算

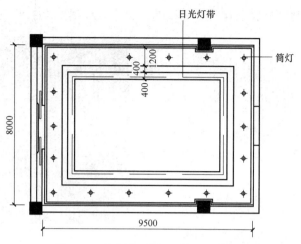

图 7-19　某室内天棚（顶棚）平面图

① 清单工程量

灯带（槽）工程量 $S = \{[8-2\times(1.2+0.4+0.2)]\times2+[9.5-2\times(1.2+0.4+0.2)]\times2\}\times0.4 = 8.24$（$m^2$）

② 定额工程量

定额工程量同清单工程量。

【小贴士】　式中：$\{[8-2\times(1.2+0.4+0.2)]\times2+[9.5-2\times(1.2+0.4+0.2)]\times2\}$ 为灯带图示长度；0.4 为灯带图示宽度。

【例 7-7】　如图 7-20 所示为某房间天棚（顶棚）布置图，试计算铝合金送（回）风口的工程量。

【解】

（1）识图内容

由题干可知，送风口、回风口按设计图示数量计算。

（2）工程量计算

① 清单工程量

铝合金送（回）风口工程量 = 4（个）

② 定额工程量

定额工程量同清单工程量。

【小贴士】　式中：4 为图示送（回）风口数量。

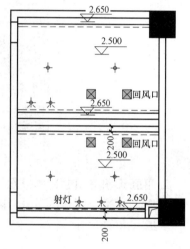

图 7-20　某房间天棚（顶棚）
布置图

7.3　关系识图与疑难分析

7.3.1　关系识图

1. 天棚（顶棚）基层

天棚（顶棚）基层是基于天棚（顶棚）龙骨和天棚（顶棚）面层之间的中间层。天棚

（顶棚）基层的常用材料有胶合板、石膏板等，如图 7-21～图 7-23 所示。

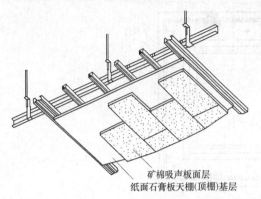

矿棉吸声板面层
纸面石膏板天棚(顶棚)基层

图 7-21　纸面石膏板天棚（顶棚）基层示意图

图 7-22　金属扣板式吊顶

图 7-23　格栅型金属吊顶（木质、铝质立体开敞式）

2. 平面天棚（顶棚）与跌级天棚（顶棚）

天棚（顶棚）面层在同一标高者为平面天棚（顶棚），如图 7-24 所示。

天棚（顶棚）面层不在同一标高者为跌级天棚（顶棚），如图 7-25 所示。

3. 跌级天棚（顶棚）和阶梯式天棚（顶棚）

跌级天棚（顶棚）只是有简单的标高变化，阶梯式天棚（顶棚）则是呈阶梯式变化，一般在大型会议厅、阶梯教室用得较多，如图 7-26 和图 7-27 所示。

视频 7-4：
跌级天棚
（顶棚）

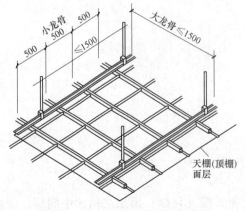

图 7-24　平面天棚（顶棚）示意图

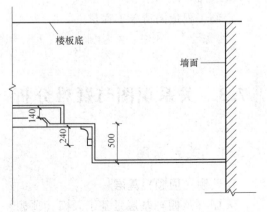

图 7-25　跌级天棚（顶棚）示意图

图 7-26　跌级天棚（顶棚）　　　　　图 7-27　阶梯式天棚（顶棚）

4. 普通天棚（顶棚）和艺术造型天棚（顶棚）

普通天棚（顶棚）是指一般的平面天棚（顶棚）和跌级天棚（顶棚），其特征是直线型天棚（顶棚）。

艺术造型天棚（顶棚）是按用户的要求设计，通过各弧线、拱形的艺术造型来表现一定视觉效果的装饰天棚（顶棚）。其分为锯齿形、阶梯形、吊挂式和藻井式四种。其中，天棚（顶棚）面层不在同一标高而且超过两级（包括两级）者为阶梯形天棚（顶棚）。通常艺术造型天棚（顶棚）还包括灯光槽的制作和安装，其构造断面示意图如图 7-28 所示。

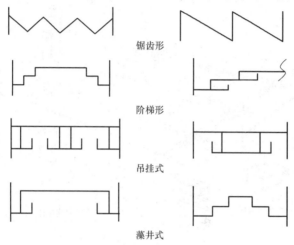

锯齿形

阶梯形

吊挂式

藻井式

图 7-28　艺术造型天棚（顶棚）断面示意图

7.3.2　疑难分析

（1）天棚（顶棚）抹灰

1）板式楼梯底面抹灰面积（包括踏步、休息平台以及≤500mm 宽的楼梯井）按水平投影面积乘以系数 1.15 计算。

2）锯齿形楼梯底板抹灰面积（包括踏步、休息平台以及≤500mm 宽的楼梯井）按水平投影面积乘以系数 1.37 计算。

3）梁式楼梯底面按设计图示尺寸以展开面积计算。

（2）天棚（顶棚）吊顶

1）天棚（顶棚）吊顶由龙骨、面层（基层）和吊筋三大部分组成。L、T 形铝合金龙骨吊顶安装示意图如图 7-29 所示。

2）天棚（顶棚）龙骨是一个由大龙骨、中龙骨和小龙骨所形成的骨架体系，如图 7-30 所示。

轻钢龙骨和铝合金龙骨都设置为双层或单层结构两种不同的结构形式。双层结构是指中小龙骨紧贴吊挂在大龙骨下面。单层龙骨是指大中龙骨或中小龙骨的底面均在同一平面上。龙骨如图 7-31 所示。

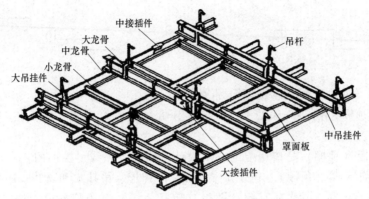

图 7-29 L、T 形铝合金龙骨吊顶安装示意图

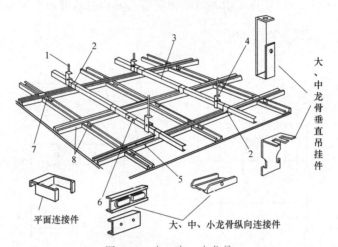

图 7-30 大、中、小龙骨

1—吊杆 2—挂件 3—大龙骨 4—吊件 5—C 形龙骨连接件
6—U 形龙骨连接件 7—中龙骨 8—龙骨支撑

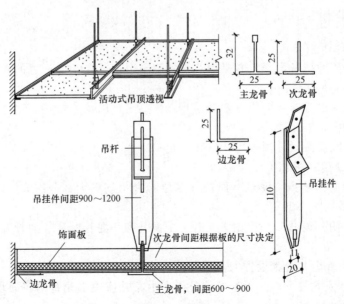

图 7-31 龙骨

3）天棚（顶棚）吊顶工程量需要分层计算，自上而下，而且龙骨工程量规则与基层、面层是不同的。

4）吊筒吊顶以最大外围水平投影尺寸，以外接矩形面积计算。

5）天棚（顶棚）抹灰装饰线应区别三道线以内或五道线以内按延长米计算，线角的道数以一个凸出的棱角为一道线。如图7-32~图7-34所示。

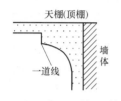

图 7-32 天棚（顶棚）抹灰
装饰一道线

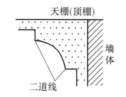

图 7-33 天棚（顶棚）抹
灰装饰二道线

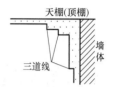

图 7-34 天棚（顶棚）抹
灰装饰三道线

6）天棚（顶棚）中的折线、灯槽线、圆弧形线、拱形线等艺术形式计算其抹灰按展开面积计算。

7）吊顶和天棚（顶棚）的区别。

吊顶所指的是房屋顶面上的另一个顶面，通常采用扣板或是石膏板等材料来制作，能将管道以及线路遮挡起来，具有很好的装饰作用。而天棚（顶棚）就是屋顶，它能与墙体相连接，也能由柱子或是钢架来支撑，比较注重实际的用途，既有遮阳挡雨的功能，也有防潮保暖的作用。吊顶和天棚（顶棚）如图7-35和图7-36所示。

图 7-35 吊顶

图 7-36 天棚（顶棚）

8）当梁下有墙时，并且梁宽大于墙厚时，梁侧和梁底抹灰都要算到天棚（顶棚）抹灰工程内，如图7-37所示。

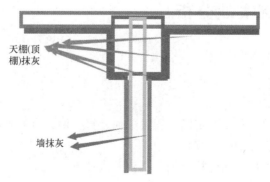

图 7-37 梁下有墙时天棚（顶棚）抹灰

8.1 工程量计算依据

新的清单范围油漆、涂料、裱糊工程划分的子目包含木材面油漆、金属面油漆、抹灰面油漆、喷刷涂料和裱糊 5 节，共 40 个项目。

油漆、涂料、裱糊工程构件计算依据一览表见表 8-1。

表 8-1 油漆、涂料、裱糊工程构件计算依据一览表

计算规则	清单规则	定额规则
木门油漆	按设计图示洞口尺寸以面积计算	按设计图示尺寸门洞口面积×相应系数计算
木扶手油漆	按设计图示尺寸以长度计算	按设计图示尺寸以延长米×相应系数计算
踢脚线油漆	按设计图示尺寸以面积计算	按设计图示尺寸长×宽×相应系数计算
吸声板墙面、天棚(顶棚)面油漆	按设计图示尺寸以面积计算	按设计图示尺寸长×宽×相应系数计算
木地板油漆	按设计图示尺寸以面积计算。空洞、空圈、暖气包槽、壁龛的开口部分并入相应的工程量内	设计图示尺寸以面积计算。空洞、空圈、暖气包槽、壁龛的开口部分并入相应的工程量内
金属构件油漆	按设计图示尺寸以质量计算	按设计图示尺寸以展开面积计算
抹灰面油漆	按设计图示尺寸以面积计算	按设计图示尺寸以面积计算
天棚(顶棚)喷刷涂料	按设计图示尺寸以面积计算	按设计图示尺寸以面积计算
墙纸裱糊	按设计图示尺寸以面积计算	按设计图示尺寸以裱糊面积计算

8.2 工程案例实战分析

8.2.1 问题导入

相关问题：

1）木门油漆的清单工程量和定额工程量如何计算？两者有何不同？

2）木扶手油漆工程量如何计算？

3）木地板油漆工程量如何计算？哪些部位并入计算？

4）金属构件工程量如何确定？

8.2.2 案例导入与算量解析

1. 木门油漆

（1）名词概念

木门，即木制的门。按照材质、工艺及用途不同可以分为很多种类。广泛适用于民用建筑、商用建筑及住宅。木门制作完好之后，为了防止虫蛀、腐朽、污染，保证耐久使用，在木器家具表面，涂刷一层油漆，隔绝木材与空气的接触，以保护其表面，既可延长家具使用寿命，同时也大大改善了木器家具的外观和光泽，提高了装饰效果和美感，更便于擦拭和清洗。木门如图 8-1 所示。

图 8-1 木门

（2）案例导入与算量解析

【例 8-1】 已知某房屋如图 8-2 和图 8-3 所示，门洞口尺寸为 900mm×2100mm，门材质为单层木门，木门油漆为底油一遍，调和漆三遍，计算木门油漆工程量。

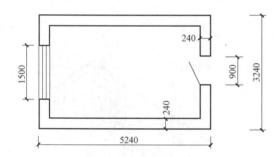

图 8-2 某房屋平面图

图 8-3 某房屋三维软件绘制图

【解】

（1）识图内容

通过题干可知，门洞口尺寸为 900mm×2100mm，材质为单层木门。通过识图可知，门数量为 1，用门洞口尺寸乘以门数量。由查表可知，单层木门油漆系数为 1。

（2）工程量计算

① 清单工程量

$S = 0.9 \times 2.1 \times 1 = 1.89$（$m^2$）

② 定额工程量

$S = 0.9 \times 2.1 \times 1 \times 1 = 1.89$（$m^2$）

【小贴士】 式中：0.9×2.1 为门的尺寸；1 为门的数量；1 为系数。

2. 木扶手油漆

（1）名词概念

木质结构的扶手，一般采用榉木、榆木、楠木、杉木和核桃木等材料。

视频 8-1：
木扶手

木扶手的油漆一般选用普通清漆或者普通色漆等。铁栏杆木扶手如图 8-4 所示。木栏杆木扶手如图 8-5 所示。

图 8-4 铁栏杆木扶手

图 8-5 木栏杆木扶手

（2）案例导入与算量解析

【例 8-2】 已知房屋如图 8-6 所示，阳台设金属栏杆木扶手（带托板）作为围护结构，栏杆三维软件绘制图如图 8-7 所示，木扶手做刷漆处理，试计算阳台栏杆木扶手油漆工程量。

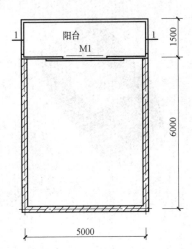

图 8-6 房屋阳台平面图

图 8-7 阳台栏杆扶手三维软件绘制图

【解】

（1）识图内容

由图可知阳台三面设有栏杆扶手，阳台长为 5m，挑出 1.5m，可计算出栏杆扶手长度。通过题干知，木扶手带托板，查表可知系数。

（2）工程量计算

① 清单工程量

$L = 5 + 1.5 + 1.5 = 8$（m）

② 定额工程量

$L = (5 + 1.5 + 1.5) \times 2.5 = 20$（m）

【小贴士】　式中：5+1.5+1.5 为木扶手长度；2.5 为系数。

3. 踢脚线油漆

（1）名词概念

踢脚（踢脚板、踢脚线）是外墙内侧和内墙两侧与室内地坪交接处的构造。踢脚的作用有防止扫地时污染墙面、防潮和保护墙脚。踢脚材料一般和地面相同。木质踢脚为了防潮和美观，一般要进行刷漆处理。刷漆木踢脚如图 8-8 所示。

（2）案例导入与算量解析

【例 8-3】　已知某建筑如图 8-9 和图 8-10 所示，层高 3m，墙厚 240mm，M1 尺寸为 1.0m×2.0m，M2 尺寸为 0.9m×2.2m，窗距地 900mm 高，内墙面装修采用涂料墙面，下设 150mm 高木踢脚线，木踢脚进行刷漆处理，门均采用成品木门（门洞侧壁不增加踢脚线量），试计算踢脚线油漆工程量。

图 8-8　刷漆木踢脚

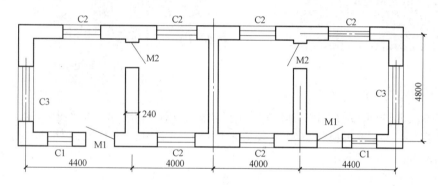

图 8-9　某建筑平面图

【解】

（1）识图内容

通过识图可知建筑内墙尺寸，结合题干墙厚、门洞口尺寸可知内墙净长度，乘以踢脚线高度，即可得出踢脚线面积。

（2）工程量计算

① 清单工程量

$S = [(4.8-0.24)×8+(4.4-0.24)×4+(4-0.24)×4-1.0×2-0.9×2]×0.15 = 9.65$（m²）

② 定额工程量

$S = [(4.8-0.24)×8+(4.4-0.24)×4+(4-0.24)×4-1.0×2-0.9×2]×0.15×0.83$
$= 8.013$（m²）

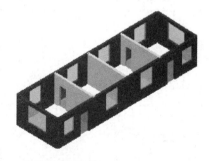

图 8-10　某建筑三维软件绘制图

【小贴士】　式中：(4.8-0.24)×8+(4.4-0.24)×4+(4-0.24)×4-1.0×2-0.9×2 为内墙净长度；0.15 为踢脚线高度；0.83 为木踢脚油漆系数。

4. 吸声板墙面、天棚（顶棚）面油漆

（1）名词概念

吸声板是指板状的具有吸声减噪作用的材料，木质吸声板是根据声学原理精致加工而成的，由饰面、芯材和吸声薄毡组成。木质吸声板分为槽木吸声板和孔木吸声板两种。其中，槽木吸声板是一种在密度板的正面开槽、背面穿孔的狭缝共振吸声材料；孔木吸声板是一种在密度板的正面、背面都开圆孔的结构吸声材料。两种吸声板常用于墙面和天花装饰。槽木吸声板墙面如图 8-11 所示，孔木吸声板墙面如图 8-12 所示。

视频 8-2：
吸声板

音频 8-1：
吸声板

图 8-11 槽木吸声板墙面

图 8-12 孔木吸声板墙面

（2）案例导入与算量解析

【例 8-4】 已知某房间如图 8-13 和图 8-14 所示，墙厚 240mm，高 2.9m，该房屋拟作为会议室，内墙采用吸声板墙面，吸声板为木质结构，需对其进行刷漆处理，窗的尺寸为 2000mm×1800mm，门的尺寸为 1200mm×2100mm，门窗洞口不增加吸声板墙面工程量，内墙下设 200mm 高石材踢脚线，试求内墙吸声板油漆工程量。

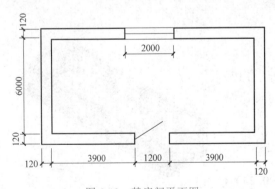

图 8-13 某房间平面图

图 8-14 某房间三维软件绘制图

【解】

（1）识图内容

通过识图可知内墙标注尺寸，结合题干给出的墙厚，可知内墙净尺寸，另题干给出墙高 2.9m，下设 200mm 踢脚线，可知吸声板墙面高度（2.9-0.2）m，由内墙长度乘以吸声板高度，再扣减门窗所占面积，可知吸声板净面积。

（2）工程量计算

① 清单工程量

$$S = (6-0.24+3.9+1.2+3.9-0.24) \times 2 \times (2.9-0.2) - 2 \times 1.8 - 1.2 \times 2.1$$
$$= 72.288 \ (m^2)$$

② 定额工程量

$$S = [(6-0.24+3.9+1.2+3.9-0.24) \times 2 \times (2.9-0.2) - (2 \times 1.8 + 1.2 \times 2.1)] \times 0.87$$
$$= 62.89 \ (m^2)$$

【小贴士】 式中：$(6-0.24+3.9+1.2+3.9-0.24) \times 2$ 为内墙净长度；$(2.9-0.2)$ 为吸声板高度；$2 \times 1.8 + 1.2 \times 2.1$ 为门窗所占面积；0.87 为吸声板墙面油漆系数。

视频 8-3:
木地板

5. 木地板油漆

（1）名词概念

木地板是指用木材制成的地板，我国生产的木地板主要分为实木地板、强化木地板、实木复合地板、多层复合地板、竹材地板和软木地板六大类，以及新兴的木塑地板。木地板需涂刷专门地板漆。刷漆木地板如图 8-15 所示。

（2）案例导入与算量解析

【例 8-5】 已知某建筑平面图如图 8-16 和图 8-17 所示，墙厚 240mm，M1 尺寸为 1000mm×2100mm，M2 尺寸为 1200mm×2100mm，地面采用木地板，安装完成后对齐进行刷漆处理，试求木地板刷漆工程量。

【解】

（1）识图内容

通过识图可知墙体的标注尺寸，结合题干给出的墙厚，可计算出各房间内墙净尺寸，加上 M1、M2 洞口部分，可知木地板总面积。

图 8-15 刷漆木地板

（2）工程量计算

① 清单工程量

$$S = [(3.6-0.24) \times (5.4-0.24)] \times 2 + (5.4-0.24) \times (3.6+3.6-0.24) + 1 \times 0.24 \times 2 + 1.2 \times 0.24$$
$$= 71.36 \ (m^2)$$

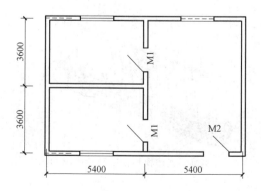

图 8-16 某建筑平面图

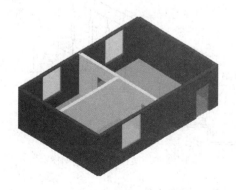

图 8-17 某建筑三维软件绘制图

② 定额工程量

定额工程量同清单工程量。

【小贴士】 式中：[（3.6-0.24）×（5.4-0.24）]×2 为尺寸相同的 2 个房间地面面积；（5.4-0.24）×（3.6+3.6-0.24）为大房间地面面积；1×0.24×2 为 M1 洞口增加面积；1.2×0.24 为 M2 洞口增加面积。

6. 金属构件油漆

（1）名词概念

金属构件油漆是指金属构件涂刷油漆，常见金属构件有铁栏杆、钢楼梯等。刷漆铁栏杆如图 8-18 所示，刷漆钢楼梯如图 8-19 所示。

金属油漆通常是作为金属防锈漆使用的，同时也具备一些装饰功能，主要成分是防锈颜料和成膜物质。通常以防锈颜料的名称而命名，如红丹防锈漆、铁红防锈漆等。如果以防锈作用机理区分，大致可以归纳为物理作用防锈漆、化学作用防锈漆、电化学作用防锈漆及综合作用防锈漆四种类型。

音频 8-2：
金属构件油漆

图 8-18　刷漆铁栏杆

图 8-19　刷漆钢楼梯

（2）案例导入与算量解析

【例 8-6】 已知某楼梯栏杆扶手如图 8-20 所示，三维软件绘制图如图 8-21 所示。栏杆扶手材质采用金属栏杆木扶手，现对栏杆进行刷漆，试计算金属栏杆油漆工程量。

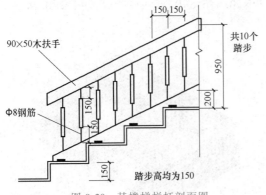

图 8-20　某楼梯栏杆剖面图

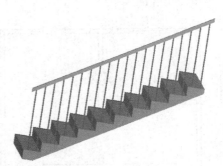

图 8-21　某楼梯栏杆三维软件绘制图

（1）识图内容

通过识图可知，金属栏杆分为钢管和钢筋两部分，钢筋贯通钢管，并插入木扶手 1/2 长度，扶手尺寸为 90mm×50mm，则扶手增加钢筋长度为 90×1/2mm，可计算出钢管和钢筋单根长度。再结合踏步数量为 10，可知钢筋及钢管数量为 10×2，从而得出钢筋和钢管总根数。

（2）工程量计算

① 清单工程量

钢管 = (0.75-0.15×2)×20×1.63 = 14.67（kg）

钢筋 = (0.95-0.2-0.09×1÷2)×20×1.998 = 28.172（kg）

合计：42.842kg

② 定额工程量

$S = 42.842÷1000×64.98 = 2.784（m^2）$

【小贴士】式中：0.75-0.15×2 为钢管长度；10 为钢管根数；1.63 为钢管理论重量；0.95-0.2-0.09×1÷2 为钢筋长度；10 为钢筋根数；1.998 为钢筋理论重量；64.98 为质量折合面积系数。

7. 抹灰面油漆

（1）名词概念

抹灰面油漆是指混凝土表面和水泥砂浆表面、混合砂浆抹灰表面施涂油性涂料。工作内容一般包括清扫、磨砂、刮腻子、刷底漆、刷面漆等。乳胶漆墙面如图 8-22 所示。

（2）案例导入与算量解析

【例 8-7】 已知某建筑如图 8-23 和图 8-24 所示，墙高 3m，墙厚 240mm，M 尺寸为 1000mm×2100mm，C 的尺寸为 1500mm×1500mm，内墙面为一般抹灰墙面，现对该抹灰墙面进行乳胶漆涂刷装修，下设 200mm 块料踢脚线，门窗均采用成品门窗安装，洞口不增加乳胶漆面积，试计算该内墙面抹灰面油漆工程量。

图 8-22 乳胶漆墙面

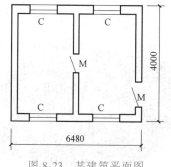

图 8-23 某建筑平面图

图 8-24 某建筑三维软件绘制图

【解】

（1）识图内容

通过识图可知 C 数量为 4，M 数量为 2。通过题干可知墙高及踢脚线高度，可计算出乳胶漆墙面的高度及内墙净长线，内墙净长线乘以乳胶漆墙面高度，再扣减门窗所占面积，即可得出内墙面抹灰油漆工程量。

（2）工程量计算

① 清单工程量

$S=[(6.48-0.24-0.24)\times2+(4-0.24)\times4]\times(3-0.2)-(1.5\times1.5\times4+1\times2.1\times2)=62.512$（$m^2$）

② 定额工程量

定额工程量同清单工程量。

【小贴士】式中：$[(6.48-0.24-0.24)\times2+(4-0.24)\times4]$ 为内墙净长线；$(3-0.2)$ 为乳胶漆高度；$(1.5\times1.5\times4+1\times2.1\times2)$ 为门窗所占面积。

8. 天棚（顶棚）喷刷涂料

（1）名词概念

天棚（顶棚）一般是指建筑顶部，作用是使房屋顶部整洁美观，并具有保温、隔热和隔声等性能。天棚（顶棚）涂料是指用于装修室内天花板的涂料。根据不同的装饰要求有不同品种的天棚（顶棚）涂料。传统的天棚（顶棚）涂装以喷大白浆较多，也有的使用溶剂型的油基涂料、醇酸涂料。天棚（顶棚）喷刷涂料如图8-25所示。

图8-25 天棚（顶棚）喷刷涂料

（2）案例导入与算量解析

【例8-8】已知某建筑如图8-26和图8-27所示，墙高3m，墙厚240mm，天棚（顶棚）需进行装修，拟选用涂料天棚（顶棚），试计算天棚（顶棚）涂料工程量。

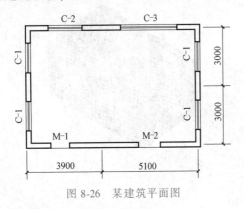

图8-26 某建筑平面图

图8-27 某建筑三维软件绘制图

【解】

（1）识图内容

通过识图可知墙体厚度及标注尺寸，从而计算出内墙净长和净宽。

（2）工程量计算

① 清单工程量

$$S = (3.9+5.1-0.24) \times (3+3-0.24)$$
$$= 50.458 \ (\text{m}^2)$$

② 定额工程量

定额工程量同清单工程量。

【小贴士】式中：0.24 为墙厚；3.9+5.1 为天棚（顶棚）长度；（3+3-0.24）为天棚（顶棚）宽度。

9. 墙纸裱糊

（1）名词概念

墙纸也称壁纸，是一种用于裱糊墙面的室内装修材料，广泛用于住宅、办公室、宾馆、酒店等的室内装修。材质不局限于纸，也包含其他材料。

裱糊是在建筑物内墙和天棚（顶棚）表面粘贴纸张、塑料壁纸、玻璃纤维墙布、锦缎等制品的施工，可美化居住环境，满足使用要求，并对墙体、天棚（顶棚）起到一定的保护作用。墙纸裱糊如图 8-28 所示。

视频 8-4：
墙纸裱糊

（2）案例导入与算量解析

【例 8-9】 已知某建筑如图 8-29 和图 8-30 所示，M-1 尺寸为 1000mm×2100mm，M-3 尺寸为 900mm×2100mm，C-1 尺寸为 1500mm×1800mm，C-2 尺寸为 1800mm×1800mm，房间 A 内墙面需贴墙纸，试计算房间 A 墙纸裱糊工程量。

图 8-28 墙纸裱糊

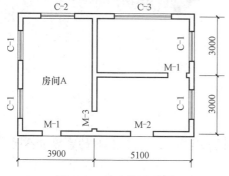

图 8-29 某建筑平面图

图 8-30 某建筑三维软件绘制图

【解】

（1）识图内容

通过识图可知 C-1 数量为 2，C-2 数量为 1，M-1 数量为 1，M-3 数量为 1，墙厚 240mm，结合尺寸标注数字，可计算出内墙净长线。由题干可知墙高 3m，两者相乘再扣减门窗所占面积，可得出墙纸裱糊工程量。

（2）工程量计算

① 清单工程量

$$S = (3.9-0.24+3+3-0.24) \times 2 \times 3 - 1.5 \times 1.8 \times 2 - 1.8 \times 1.8 - (1 \times 2.1 + 0.9 \times 2.1) = 43.89$$
$$(\text{m}^2)$$

② 定额工程量

定额工程量同清单工程量。

【小贴士】式中：（3.9−0.24+3+3−0.24）×2 为内墙净长线；3 为墙高；1.5×1.8×2 为 C-1 所占面积；1.8×1.8 为 C-2 所占面积；（1×2.1+0.9×2.1）为门所占面积。

8.3 关系识图与疑难分析

8.3.1 关系识图

1）空洞、空圈下面形成的开口部分并入地面工程量。空圈的开口部分如图 8-31 所示。

2）墙体与地面交接，计算楼地面地板油漆工程量时，多借助内墙净长线。墙体与地面交接如图 8-32 所示。

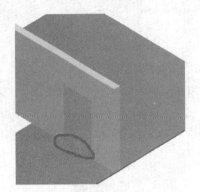

图 8-31 空圈开口部分

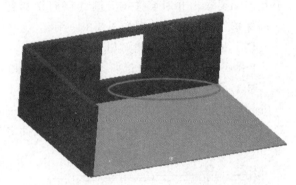

图 8-32 墙体与地面交接

8.3.2 疑难分析

1. 木门油漆

木门油漆执行单层木门油漆，根据门的种类不同，定额工程量计算时的系数也不同。

（1）单层木门

单层木门如图 8-33 所示。

（2）单层半玻门

单层半玻门如图 8-34 所示。

（3）单层全玻门

单层全玻门如图 8-35 所示。

2. 木地板油漆工程量计算

木地板油漆工程量按设计图示尺寸以面积计算。空洞、空圈、暖气包槽、壁龛的开口部分并入相应的工程量内。

（1）空圈

空圈是指未装门的洞口，也称垭口，可以由此进出房间。空圈如图 8-36 所示。

（2）暖气包槽

暖气包槽是指地面上为了放置暖气片而设置的凹槽。暖气包槽如图 8-37 所示。

图 8-33　单层木门

图 8-34　单层半玻门

图 8-35　单层全玻门

图 8-36　空圈

图 8-37　暖气包槽

第9章 门窗工程

9.1 工程量计算依据

新的清单范围门窗工程划分的子目包含木门，金属门，金属卷帘（闸）门，厂库房大门及特种门，其他门，木窗，金属窗，门窗套，窗台板，窗帘、窗帘盒和轨 10 节，共 48 个项目。

门窗构件计算依据一览表见表 9-1。

表 9-1 门窗构件计算依据一览表

计算规则	清单规则	定额规则
木质门	按设计图示洞口尺寸以面积计算	成品木门扇安装按设计图示扇面积计算
木质门带套	按设计图示洞口尺寸以面积计算	成品套装木门安装按设计图示数量计算
木质防火门	按设计图示洞口尺寸以面积计算	木质防火门安装按设计图示洞口面积计算
木门框	按设计图示框的中心线以延长米计算	成品木门框安装按设计图示框的中心线长度计算
金属（塑钢）门	按设计图示洞口尺寸以面积计算	铝合金门窗（飘窗、阳台封闭窗除外）、塑钢门窗均按设计图示门、窗洞口面积计算
彩板门	按设计图示洞口尺寸以面积计算	彩板钢门窗按设计图示门、窗洞口面积计算
钢质防火门	按设计图示洞口尺寸以面积计算	钢质防火门、防盗门按设计图示门洞口面积计算
防盗门	按设计图示洞口尺寸以面积计算	
金属卷帘（闸）门	按设计图示洞口尺寸以面积计算	金属卷帘（闸）按设计图示卷帘门宽度乘以卷帘门高度（包括卷帘箱高度）以面积计算。电动装置安装按设计图套数计算
特种门	按设计图示洞口尺寸以面积计算	厂库房、特种门按设计图示门洞口面积计算
金属（塑钢、断桥）窗	按设计图示洞口尺寸以面积计算	铝合金门窗（飘窗、阳台封闭窗除外）、塑钢门窗均按设计图示门、窗洞口面积计算
金属纱窗	以平方米计量，按框的外围尺寸以面积计算	纱门、纱窗扇按设计图示扇外围面积计算
彩板窗	以平方米计量，按设计图示洞口尺寸或框外围尺寸以面积计算	彩板钢门窗按设计图示门、窗洞口面积计算。彩板钢门窗附框按框中心线长度计算
成品木门窗套	以平方米计量，按设计图示尺寸以展开面积计算	成品门窗套按设计图示饰面外围尺寸展开面积计算

（续）

计算规则	清单规则	定额规则
窗台板	按设计图示尺寸以展开面积计算	窗台板按设计图示长度乘以宽度以面积计算。图样未注明尺寸的，窗台板长度可按窗框的外围宽度两边共加 10mm 计算，窗台板凸出墙面的宽度按墙面外加 50mm 计算
窗帘盒	按设计图示尺寸以长度计算	窗帘盒、窗帘轨按设计图示长度计算
窗帘轨	按设计图示尺寸以长度计算	窗帘盒、窗帘轨按设计图示长度计算

9.2 工程案例实战分析

9.2.1 问题导入

相关问题：

1）门窗是如何计算的？

2）门窗的种类有哪些？

3）窗台板是什么？是如何计算的？

4）窗帘、窗帘盒、轨是什么？如何计算？

9.2.2 案例导入与算量解析

1. 木门

（1）名词概念

木门即木制的门，是指制作木门的材料是取自森林的天然原木或者实木集成材，其所选用的多是名贵木材，如胡桃木、柚木、红橡、水曲柳、沙比利等。经加工后的成品门具有不变形、耐腐蚀、无裂纹及隔热、保温等特点，经过烘干、下料、刨光、开榫、打眼、高速铣形、组装、打磨、上油漆等工序科学加工而成。如图 9-1 和图 9-2 所示。

视频 9-1：木门

图 9-1 木门现场图

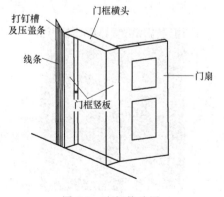

图 9-2 木门构造图

117

（2）案例导入与算量解析

【例 9-1】 已知某建筑采用实木门，建筑平面图如图 9-3 所示，立面图如图 9-4 所示，三维软件绘制图如图 9-5 所示，试计算实木门工程量。

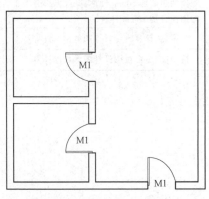

图 9-3 某建筑平面图

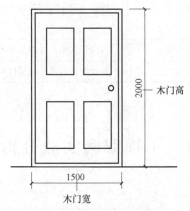

图 9-4 某建筑立面图

【解】

（1）识图内容

通过图示内容可知，过木门尺寸为 1500mm×2000mm。

（2）工程量计算

① 清单工程量

$S = 1.5 \times 2 \times 3 = 9$（m²）

② 定额工程量

定额工程量同清单工程量。

【小贴士】式中：1.5 为木门宽度；2 为木门高度；3 为木门数量。

图 9-5 某建筑三维软件绘制图

2. 金属门

（1）名词概念

金属门是常见的居室门类型之一，一般采用铝合金型材或在钢板内填充发泡剂，所用配件选用不锈钢或镀锌材质，表面贴 PVC。它包含了防火门、防盗门、平开门、推拉门、卷帘门和伸缩门等。如图 9-6~图 9-11 所示。

视频 9-2：
金属门

音频 9-1：
金属门
的优点

图 9-6 防火门现场图

图 9-7 防盗门现场图

图 9-8 平开门现场图

图 9-9 推拉门现场图

图 9-10 卷帘门现场图

图 9-11 伸缩门现场图

（2）案例导入与算量解析

【例 9-2】 某金属平开门（不含门洞）如图 9-12 所示，四扇带上亮平开门（现场制作安装），试计算金属平开门工程量。

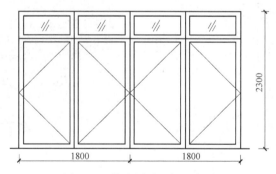
图 9-12 某金属平开门示意图

【解】

（1）识图内容

通过图示内容可知，过平开门尺寸为门宽为（1.8+1.8）m，门高为 2.3m。

（2）工程量计算

① 清单工程量

$S=(1.8+1.8)\times2.3=8.28$（m²）

② 定额工程量

定额工程量同清单工程量。

【小贴士】式中：（1.8+1.8）为门宽度；2.3 为门高度。

【例9-3】 某样板房为了美观，浴室、阳台以及厨房门均采用金属推拉门，样板房平面图如图9-13所示，推拉门的 M-1 尺寸如图9-14所示，M-2 尺寸如图9-15所示，三维软件绘制图如图9-16所示。试计算金属推拉门的工程量。

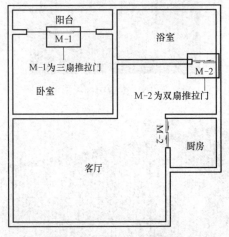

图9-13 样板房平面图

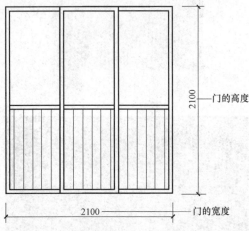

图9-14 M-1 立面图

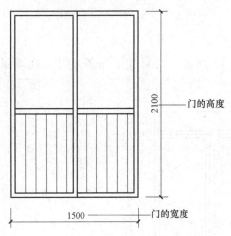

图9-15 M-2 立面图

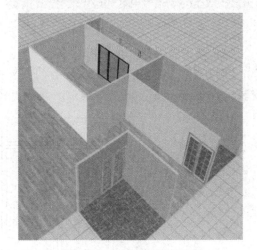

图9-16 三维软件绘制图

【解】

（1）识图内容

通过图示内容可知，M-1 尺寸为 2100mm×2100mm，M-2 尺寸为 1500mm×2100mm。

（2）工程量计算

① 清单工程量

$S_{M-1} = 2.1×2.1 = 4.41$（m^2）

$S_{M-2} = 1.5×2.1×2 = 6.3$（$m^2$）

② 定额工程量

定额工程量同清单工程量。

【小贴士】式中：2.1 为 M-1 的宽度；2.1 为 M-1 的高度；1.5 为 M-2 的宽度；2.1 为 M-2 的高度；2 为门的数量。

视频 9-3：卷帘门

3. 金属卷帘（闸）门

（1）名词概念

卷闸门又称为"卷帘门"，是以很多关节活动的门片串联在一起，在固定的滑道内，以门上方卷轴为中心上下转动的门。如图 9-17 所示。

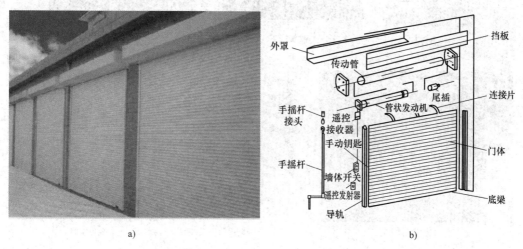

图 9-17　金属卷帘（闸）门示意图

a）卷帘（闸）门现场图　b）卷帘（闸）门构造图

（2）案例导入与算量解析

【例 9-4】　某仓库大门为金属卷帘（闸）门，前后各有一樘，如图 9-18 所示，卷帘（闸）门材质为铝合金，尺寸为 3000mm×3300mm，刷调和漆两遍。试计算金属卷帘（闸）门工程量。

【解】

（1）识图内容

通过题干内容可知，门洞口尺寸为 3000mm×3300mm，共有 2 樘。

（2）工程量计算

① 清单工程量

$S = 3 \times 3.3 \times 2 = 19.8$（$m^2$）

② 定额工程量

定额工程量同清单工程量。

【小贴士】式中：3 为门宽度；3.3 为门高度；2 为门数量。

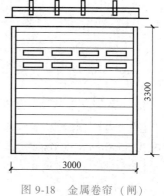

图 9-18　金属卷帘（闸）门示意图

4. 厂库房大门、特种门

（1）名词概念

厂库房大门按其使用材料不同，分为木板大门、钢木大门和全钢板大门三种类型。特种门种类很多，但常用的有冷库门、防火门、变电室门、保温隔声门和防辐射门。如图 9-19 所示。

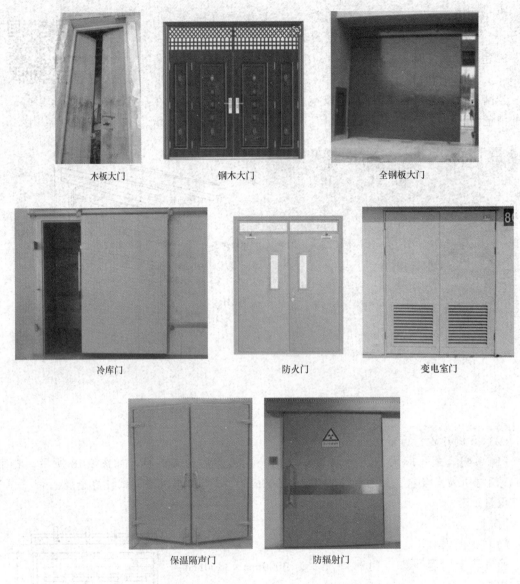

木板大门　　　　　　　钢木大门　　　　　　　全钢板大门

冷库门　　　　　　　防火门　　　　　　　变电室门

保温隔声门　　　　　　防辐射门

图 9-19　厂库房大门、特种门示意图

（2）案例导入与算量解析

【例 9-5】　某平开木板大门如图 9-20 所示，门洞口尺寸为 3500mm×3500mm，试计算该木板大门工程量。

【解】

（1）识图内容

通过题干内容可知，门洞口尺寸为 3500mm×3500mm。

（2）工程量计算

① 清单工程量

$S = 3.5×3.5 = 12.25$ （m²）

② 定额工程量

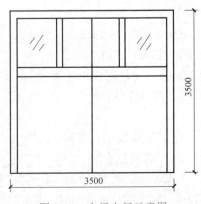

图 9-20　木板大门示意图

定额工程量同清单工程量。

【小贴士】式中：3.5 为门宽度；3.5 为门高度。

【例 9-6】　某冷藏库用的特种门如图 9-21 所示，其保温层厚 180mm，洞口尺寸为 1500mm×2100mm，该仓库共有 15 樘该冷藏门。试计算特种门的工程量。

【解】

（1）识图内容

通过题干内容可知，门洞口尺寸为 1500mm×2100mm，共有 15 樘。

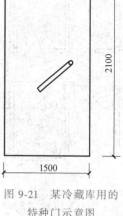

图 9-21　某冷藏库用的特种门示意图

（2）工程量计算

① 清单工程量

$$S = 1.5×2.1×15 = 47.25（m^2）$$

② 定额工程量

定额工程量同清单工程量。

【小贴士】式中：1.5 为门宽度；2.1 为门高度；15 为门数量。

5. 木窗

（1）名词概念

采用木材为框料制作的窗称为木窗，包括以木材作为受力杆件基材与铝材、塑料复合的门窗。木窗构造图如图 9-22 所示。

音频 9-2：木窗的优点

视频 9-4：木窗

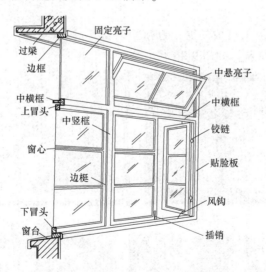

图 9-22　木窗构造图

（2）案例导入与算量解析

【例 9-7】　某农家乐房间平面图如图 9-23 所示，窗立面图如图 9-24 所示，窗三维软件绘制图如图 9-25 所示，该房间的窗户采用木质平开窗，试计算木质平开窗的工程量。

【解】

（1）识图内容

通过图示内容可知，窗洞口尺寸为 1800mm×1500mm，共有 8 扇。

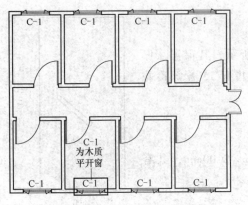

图 9-23　某农家乐房间平面图

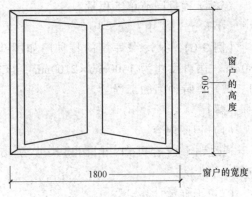

图 9-24　某农家乐房间窗立面图

（2）工程量计算

① 清单工程量

$S = 1.8 \times 1.5 \times 8 = 21.6$（$m^2$）

② 定额工程量

定额工程量同清单工程量。

【小贴士】式中：1.8 为窗宽度；1.5 为窗高度；8 为窗数量。

6. 金属窗

（1）名词概念

金属窗是指用金属加工而成的窗，包括塑钢窗、铝合金窗、百叶窗及断桥窗。如图 9-26 所示。

图 9-25　某农家乐房间窗三维软件绘制图

视频 9-5：
金属窗

音频 9-3：
窗的构造要求

a)

b)

c)

d)

图 9-26　金属窗示意图

a) 塑钢窗　b) 铝合金窗　c) 百叶窗　d) 断桥窗

（2）案例导入与算量解析

【例 9-8】 某建筑安装金属平开窗平面图如图 9-27 所示，窗立面图如图 9-28 所示，三维软件绘制图如图 9-29 所示，共 4 个房间，每个房间 2 扇，试计算该金属窗的工程量。

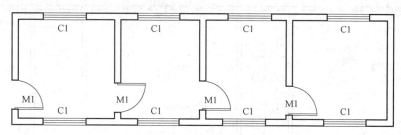

图 9-27 某建筑平面图

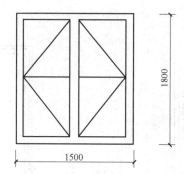

图 9-28 某建筑窗立面图

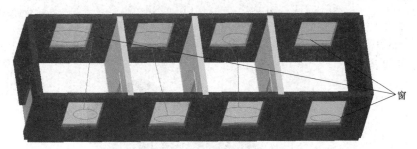

图 9-29 某建筑三维软件绘制图

【解】

（1）识图内容

通过图示内容可知，窗洞口尺寸为 1500mm×1800mm，共有 8 扇。

（2）工程量计算

① 清单工程量

$S = 1.5 \times 1.8 \times 8 = 21.6$（$m^2$）

② 定额工程量

定额工程量同清单工程量。

【小贴士】式中：1.5 为窗宽度；1.8 为窗高度；8 为窗数量。

【例 9-9】 某教学楼首层平面图如图 9-30 所示，C-1 立面图如图 9-31 所示，C-2 立面图如图 9-32 所示，三维软件绘制图如图 9-33 所示，该教学楼共有 5 层，布置均与首层相同，该教学楼的窗采用塑钢推拉窗，试计算该塑钢推拉窗的工程量。

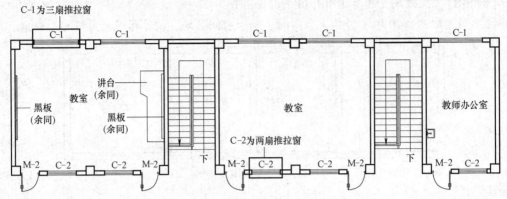

图 9-30　某教学楼首层平面图

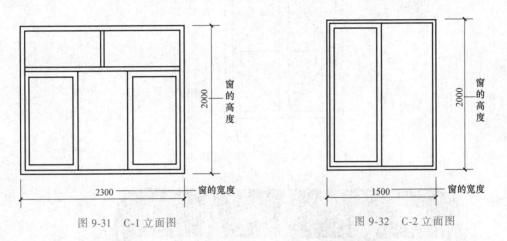

图 9-31　C-1 立面图　　　　　　　　　图 9-32　C-2 立面图

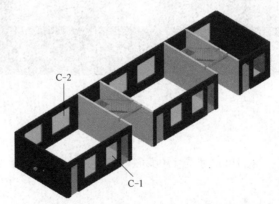

图 9-33　某教学楼三维软件绘制图

【解】

（1）识图内容

通过图示内容可知，C-1 洞口尺寸为 2300mm×2000mm，C-2 洞口尺寸为 1500mm×2000mm，该教学楼共有 5 层。

（2）工程量计算

① 清单工程量

$$S_{C-1} = 2.3 \times 2 \times 5 \times 5 = 115 \text{（m}^2\text{）}$$

$$S_{C-2} = 1.5 \times 2 \times 5 \times 5 = 75 \text{（m}^2\text{）}$$

② 定额工程量

定额工程量同清单工程量。

【小贴士】式中：2.3 为 C-1 宽度；2 为 C-1 高度；5 为 C-1 数量；5 为该教学楼的层数；1.5 为 C-2 宽度；2 为 C-2 高度；5 为 C-2 数量；5 为该教学楼的层数。

7. 门窗套

（1）名词概念

视频 9-6：
门窗套

门窗套是指在门窗洞口的两个立边垂直面，可凸出外墙形成边框也可与外墙平齐，既要立边垂直平整又要满足与墙面平整，故对此质量要求很高。垂直门窗的，在洞口侧面的装饰，称为"筒子板"；平行门窗、墙面的，盖住筒子板和墙面缝隙的，称为"贴脸"。"筒子板"和"贴脸"合起来俗称"门套""窗套"，如图 9-34 和图 9-35 所示。

图 9-34　门套现场图

图 9-35　窗套现场图

（2）案例导入与算量解析

【例 9-10】　某起居室门洞口尺寸为 1500mm×2100mm，设计做门套装饰。筒子板如图 9-36 所示，贴脸如图 9-37 所示。筒子板构造：细木工板基层，柚木装饰面层，30mm 厚。筒子板宽 300mm，贴脸构造为 80mm 宽，柚木装饰线脚。试计算筒子板、贴脸工程量。

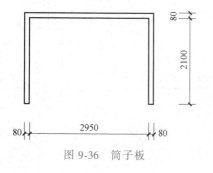

图 9-36　筒子板

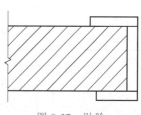

图 9-37　贴脸

【解】

（1）识图内容

通过图示内容可知，筒子板宽 300mm，贴脸为 80mm，竖直方向长度为 2.1m，水平方向中间的长为 2.95m。

（2）工程量计算

① 清单工程量

筒子板 $S = (2.1 \times 2 + 2.95 + 0.08 \times 2) \times 0.3 = 2.193$ （m²）

贴脸 $S = (2.1 \times 2 + 2.95 + 0.08 \times 2) \times 0.08 = 0.58$ （m²）

② 定额工程量

定额工程量同清单工程量。

【小贴士】式中：2.1×2 为两个板的总长；2.95 为水平方向中间的长；0.08×2 为水平方向两端的总长；0.3 为筒子板的宽；0.08 是贴脸的宽。

8. 窗台板

（1）名词概念

窗台板是指装饰窗台用的板子，可以是木工用夹板、饰面板做成木饰面的形式，也可以用水泥、石材做的窗台石。窗台主要是从材质上来分类的，常见的材质有大理石、花岗石、人造石、装饰面板和装饰木线。如图 9-38 所示。

视频 9-7：
窗台板

（2）案例导入与算量解析

【例 9-11】 某房间做大理石窗台板，平面图如图 9-39 所示，剖面图如图 9-40 所示，该房间有 2 处这样的窗台板，试计算该大理石窗台板的工程量。

【解】

（1）识图内容

通过图示内容可知，大理石窗台分为两部分，中间一部分长度是 1.8m，宽度是 0.15m；下面一部分长度是 $(0.75 \times 2 + 1.8)$ m，宽度是 0.1m。

（2）工程量计算

① 清单工程量

$S = 1.8 \times 0.15 + (0.75 \times 2 + 1.8) \times 0.1 = 0.6$ （m²）

图 9-38 窗台板示意图

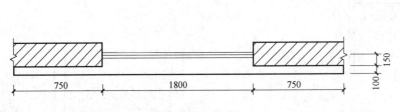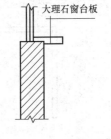

图 9-39 平面图 图 9-40 剖面图

② 定额工程量

定额工程量同清单工程量。

【小贴士】式中：1.8 为中间部位长度；0.15 为中间部位宽度；（0.75×2+1.8）为下面部位长度；0.1 为下面部位宽度。

9. 窗帘、窗帘盒、轨

（1）名词概念

视频 9-8：
窗帘

窗帘是由布、麻、纱、铝片、木片、金属材料等制作的，具有遮阳隔热和调节室内光线的功能。布帘按材质分为棉纱布、涤纶布、涤棉混纺、棉麻混纺和无纺布等，不同的材质、纹理、颜色、图案等综合起来就形成了不同风格的布帘，配合不同风格的室内窗帘设计。窗帘盒是收纳轨道，起到美观作用的。窗帘轨道是承载窗帘，使窗帘实现开合的配件。如图 9-41 所示。

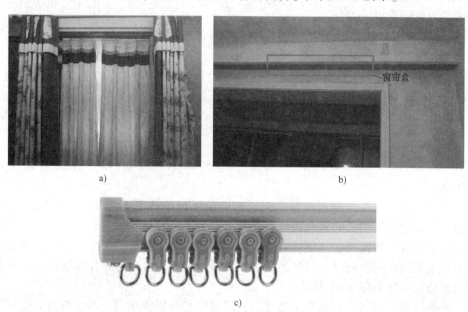

图 9-41　窗帘、窗帘盒、轨示意图

a) 窗帘现场图　b) 窗帘盒现场图　c) 窗帘轨

（2）案例导入与算量解析

【例 9-12】　某木质窗帘盒平面图如图 9-42 所示，某工程共有 150 个窗，均采用此种木质窗帘盒，且采用铝合金制窗帘轨道，立面图如图 9-43 所示，试计算该工程窗帘盒的工程量。

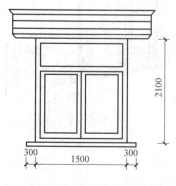

图 9-42　窗帘盒平面图

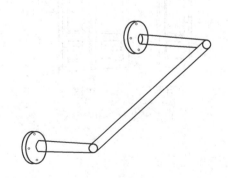

图 9-43　窗帘轨立面图

【解】

（1）识图内容

通过图示内容可知，窗帘盒长度为（1.5+0.3×2）m，共有150个窗。

（2）工程量计算

① 清单工程量

$$L=(1.5+0.3×2)×150=315（m）$$

② 定额工程量

定额工程量同清单工程量。

【小贴士】 式中：（1.5+0.3×2）为窗帘盒长度；150为窗帘盒数量。

9.3　关系识图与疑难分析

9.3.1　关系识图

门和窗

门是内外交通和房间的分隔联系。但在不同的使用条件下，门同时具有以下几方面功能：在紧急事故状态下供人们紧急疏散，此时门的大小、数量、位置以及开启方式均应按建筑的使用要求和有关规范规定选用；对建筑空间来讲，门的位置、大小、材料、造型对装饰均起着非常重要的作用；同时，门作为建筑围护的一部分，也应考虑保温隔热、隔声防风等作用。门构造示意图如图9-44所示。

窗主要供采光、通风、观察和递物之用，同时也起着围护作用，对建筑的立面效果有着重要的影响。除特殊情况外，大部分房间均需设窗，以满足房间的采光和通风要求。和门一样，作为建筑围护的一部分，窗也应考虑保温隔热、隔声防风、防雨等能力。窗构造示意图如图9-45所示。

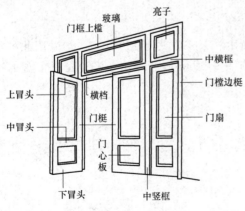

图9-44　门构造示意图

图9-45　窗构造示意图

9.3.2　疑难分析

1）木质门应区分镶板木门、企口木板门、实木装饰门、胶合板门、夹板装饰门、木纱门、全玻门（带木质扇框）、木质半玻门（带木质扇框）等项目，分别编码列项。

2）木门五金应包括折页、插销、门碰珠、弓背拉手、搭机、木螺钉、弹簧折页（自动门）、管子拉手（自由门、地弹门）、地弹簧（地弹门）、角铁、门轧头（地弹门、自由门）等。

3）木质门带套计量按洞口尺寸以面积计算，不包括门套的面积，但门套应计算在综合单价中。

4）以"樘"计量，项目特征必须描述洞口尺寸；以"m²"计量，项目特征可不描述洞口尺寸。

5）单独制作安装木门框按木门框项目编码列项。

6）木质窗应区分木百叶窗、木组合窗、木天窗、木固定窗、木装饰空花窗等项目，分别编码列项。

7）以"樘"计量，项目特征必须描述洞口尺寸，没有洞口尺寸必须描述窗框外围尺寸；以"m²"计量，项目特征可不描述洞口尺寸及框的外围尺寸。

8）以"m²"计量，无设计图示洞口尺寸，按窗框外围以面积计算。

9）木橱窗、木飘（凸）窗以"樘"计量，项目特征必须描述框截面及外围展开面积。

10）木窗五金包括折页、插销、风钩、木螺钉、滑轮滑轨（推拉窗）等。

第10章 其他工程

10.1 工程量计算依据

新的清单范围其他工程划分的子目包括柜类货架，装饰线条，扶手、栏杆、栏板装饰，暖气罩，浴厕配件，雨篷、旗杆、装饰柱，招牌灯箱和美术字8节，共20个项目。

其他工程计算依据一览表见表10-1。

表10-1 其他工程计算依据一览表

计算规则	清单规则	定额规则
柜类	按设计图示尺寸以正投影面积计算	按各项目计量单位计算，其中以"m²"为计量单位的项目，工程量均按正立面的高度（包括脚的高度在内）乘以宽度计算
装饰线条	按设计图示尺寸以长度计算	按线条中心线长度计算
扶手	按设计图示以扶手中心线长度（包括弯头长度）计算	按其中心线长度计算，不扣除弯头长度
暖气罩	按设计图示尺寸以垂直投影面积（不展开）计算	暖气罩（包括脚的高度在内）按边框外围尺寸垂直投影面积计算，成品暖气罩安装按设计图示数量计算
洗漱台	按设计图示尺寸以台面外接矩形面积计算。不扣除孔洞、挖弯、削角所占面积，挡板、吊沿板面积并入台面面积内	大理石洗漱台按设计图示尺寸以展开面积计算，挡板、吊沿板面积并入其中，不扣除孔洞、挖弯、削角所占面积
镜面玻璃	按设计图示尺寸以边框外围面积计算	盥洗室台镜（带框）、盥洗室木镜箱按边框外围面积计算
金属旗杆	按设计图示数量计算	不锈钢旗杆按图示数量计算
玻璃雨篷	按设计图示尺寸以水平投影面积计算	按设计图示尺寸水平投影面积计算
美术字	按设计图示数量计算	美术字按设计图示数量计算

10.2 工程案例实战分析

10.2.1 问题导入

其他装饰工程包含柜类货架，装饰线条，扶手、栏杆、栏板装饰，暖气罩，浴厕配件，雨篷、旗杆、装饰柱，招牌灯箱和美术字 8 节，共 20 个项目。柜类包括柜台、酒柜、衣柜、存包柜、鞋柜、书柜等；洗厕配件包括晒衣架、帘子杆、浴缸拉手、肥皂盒等。由此可以看出，本章所包含的内容都是细碎的装饰项目，但又是不可或缺、必须计量的项目。

相关问题：

1）各种用途不同的柜子工程量如何计算？

2）扶手工程量按什么单位计量？哪些部分需包含在内？

3）暖气罩的工程量以什么形式计取？

4）洗漱台的工程量如何计算？哪些不能扣除？

5）金属旗杆工程量如何计算？

10.2.2 案例导入与算量解析

视频 10-1：柜类

1. 柜类

（1）名词概念

柜子是用来收藏衣物、文件、书籍等用的器具，一般为方形或长方形，木制或铁制。柜子形体较高大，可存放物品。

按照用途不同，柜类可分为以下几种：

1）床边柜：置于床头，用于存放零物的柜子。

2）书柜：放置书籍、刊物等的柜子。

3）食品柜：放置食品、餐具等的柜子，如碗橱、碗柜、菜橱、餐具柜等。

4）行李柜：放置行李箱包及存放物品的低柜。

5）电视柜：放置影视器材及存放物品的多功能柜子，如影视柜、电器柜等。如图 10-1 所示。

6）陈设柜：摆设工艺品及物品的柜子，如玻璃柜（橱）、装饰柜、银器柜等。

7）厨房柜：用于膳食制作，具有存放及储藏功能的橱柜，如橱柜。如图 10-2 所示。

8）实验柜：用于实验室、实验分析的柜子，如实验台。

9）鞋柜：用于家庭手机整理鞋类物品的柜子。

10）玄关柜：是指厅堂的外门，也就是居室入口的一个区域，具有装饰、保持房间私密性、方便人们换鞋脱帽等多种作用。

11）酒柜：用于储存酒的柜体。

图 10-1 电视柜

图 10-2 橱柜

（2）案例导入与算量解析

【例10-1】 某房间有附墙矮柜2400mm×450mm×900mm一组，立面图如图10-3所示，三维软件绘制图如图10-4所示，试计算该房间矮柜工程量。

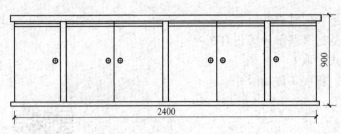

图10-3 矮柜立面图

图10-4 矮柜三维软件绘制图

【解】

（1）识图内容

通过识图可知，柜子正投影为长方形，长2.4m，高0.9m。

（2）工程量计算

① 清单工程量

$S = 2.4 \times 0.9 = 21.6$（m²）

② 定额工程量

定额工程量同清单工程量。

【小贴士】式中：2.4为柜子长度；0.9为柜子高度。

2. 装饰线条

（1）名词概念

装饰线条是在装饰面上设置的与其他的装饰材料不同的如同线条一样的装饰性线条，以延长米计算。常见的装饰线条有挑檐线、腰线、窗台线、门窗套、压顶、遮阳弧、楼梯过梁、宣传栏边框和展开宽度在300mm以内的线条抹灰。装饰线条如图10-5所示。

图10-5 装饰线条

（2）案例导入与算量解析

【例10-2】 某房屋客厅背景墙如图10-6和图10-7所示，为美观墙面设装饰线条进行装饰，试计算该墙面装饰线条的工程量。

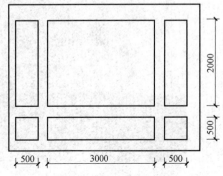

图10-6 装饰线条布置图

图10-7 装饰线条效果图

【解】

（1）识图内容

通过识图可知，装饰线条围成的方形图案共有 6 个：500mm×500mm 有 2 个，500mm×3000mm 有 1 个，500mm×2000mm 有 2 个，3000mm×2000mm 有 1 个。计算出 6 个图形周长即为装饰线条工程量。

（2）工程量计算

① 清单工程量

$$L = (0.5+0.5)×2×2+(0.5+3)×2+(0.5+2)×2×2+(3+2)×2$$
$$= 31 （m）$$

② 定额工程量

定额工程量同清单工程量。

【小贴士】式中：（0.5+0.5）×2 为图 10-6 中左下方图形周长；2 为图 10-6 中左下方图形个数；（0.5+3）中图 10-6 中下方图形周长；（0.5+2）×2 为图 10-6 中左边长图形周长；2 为图 10-6 中左边长图形个数；（3+2）×2 为图 10-6 中中间图形周长。

3．扶手

（1）名词概念

扶手指的是用来保持身体平衡或支撑身体的横木或把手。扶手是通常设置在楼梯、栏板、阳台等处的兼具实用和装饰的凸起物，是栏杆或栏板上沿（顶面）供人手扶的构件，作行走时依扶之用。

材料多为木制，也有金属、塑料、水磨石、大理石等。要求其安全、坚牢、美观、表面光滑无尖锐棱角。形式可随意设计，但宽度以能手握舒适为原则，一般为 40～60mm，最宽不宜超过 95mm，并需沿梯段及楼梯平台的全长连续设置。楼梯扶手如图 10-8 所示。

（2）案例导入与算量解析

【例 10-3】 已知某建筑如图 10-9 和图 10-10 所示，墙厚 240mm，走廊围护栏杆为铁栏杆木扶手，试计算该建筑扶手工程量。

图 10-8　楼梯扶手

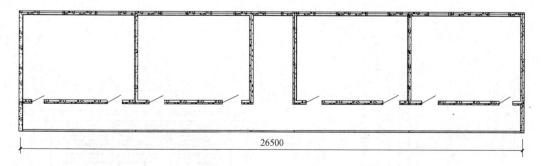

图 10-9　某建筑平面图

【解】

（1）识图内容

通过识图可知，栏杆中心线长度为（26.5-0.24）m，可知扶手工程量。

（2）工程量计算

① 清单工程量

$L = 26.5 - 0.24 = 26.26$ （m）

② 定额工程量

定额工程量同清单工程量。

【小贴士】式中：26.5-0.24 为扶手长度。

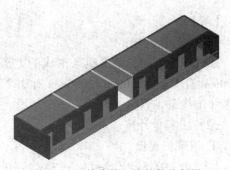

图 10-10 某建筑三维软件绘制图

4. 暖气罩

（1）名词概念

暖气罩是罩在暖气片外面的一层金属或木制的外壳，用来遮挡暖气片，它的用途主要是美化室内环境，可以挡住样子比较难看的金属制或塑料制的暖气片，同时可以防止人们不小心烫伤。因此，暖气罩是每个供暖家中都必不可少的重要物品，也是室内装潢一项重要的内容。暖气罩如图 10-11 所示。

音频 10-1： 视频 10-2：
暖气罩施工 暖气罩

图 10-11 暖气罩

（2）案例导入与算量解析

【例 10-4】 已知某房屋客厅暖气设有壁炉式暖气罩，具体尺寸如图 10-12 和图 10-13 所示，试计算其暖气罩工程量。

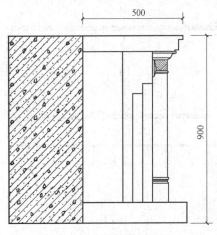

图 10-12 暖气罩剖面图

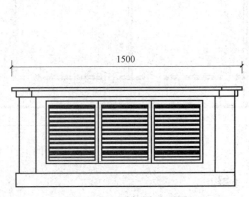

图 10-13 暖气罩立面图

【解】

（1）识图内容

通过识图可知，暖气罩高 900mm，宽 500mm，长 1500mm，垂直投影尺寸为 900mm×1500mm。

（2）工程量计算

① 清单工程量

$S = 0.9 \times 1.5 = 1.35$（$m^2$）

② 定额工程量

定额工程量同清单工程量。

【小贴士】式中：0.9 为暖气罩高；1.5 为暖气罩长。

5. 洗漱台

（1）名词概念

洗漱台是卫生间装修的重点之一，除了方便人们日常梳洗，品质造型美观的洗漱台还具有一定的装饰作用。洗漱台如图 10-14 所示。

（2）案例导入与算量解析

【例 10-5】 某大理石洗漱台如图 10-15 和图 10-16 所示，台面、挡板、吊沿均采用金花米黄大理石，用钢架子固定，试计算其工程量。

图 10-14　洗漱台

音频 10-2：洗漱台施工

视频 10-3：洗漱台

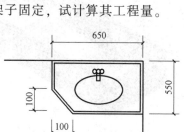

图 10-15　某大理石洗漱台平面图

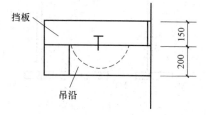

图 10-16　某大理石洗漱台立面图

【解】

（1）识图内容

通过识图可知，洗漱台两面靠墙，有一个削角设计，矩形尺寸为 550mm×650mm，挡板高 150mm，吊沿高 200mm。

（2）工程量计算

① 清单工程量

台面工程量：$S_1 = 0.65 \times 0.55 = 0.36$（$m^2$）

挡板工程量：$S_2 = (0.65 + 0.55) \times 0.15 = 0.18$（$m^2$）

吊沿工程量：

$S_3 = (0.45 + 0.1 \times 1.414 + 0.55) \times 0.2 = 0.23$（$m^2$）

洗漱台工程量：

$S = S_1 + S_2 + S_3 = 0.77$（$m^2$）

② 定额工程量

定额工程量同清单工程量。

【小贴士】式中：0.65×0.55 为台面面积；0.65+0.55 为挡板长度；0.15 为挡板高度；（0.45+0.1×1.414+0.55）为吊沿长度；0.2 为吊沿高度。

6. 镜面玻璃

（1）名词概念

镜面玻璃又称磨光玻璃，是用平板玻璃经过抛光后制成的玻璃，分单面磨光和双面磨光两种，表面平整光滑且有光泽。透光率大于 84%，厚度为 4~6mm。

透过玻璃的一面能够看到对面的景物，而从玻璃的另一面则根本看不到对面的景物，可以说在另一面是不透光的。镜面玻璃如图 10-17 所示。

图 10-17　镜面玻璃

（2）案例导入与算量解析

【例 10-6】某建筑如图 10-18 和图 10-19 所示，墙厚 240mm，高 3.2m，中间两面墙设镜面玻璃，试计算其工程量。

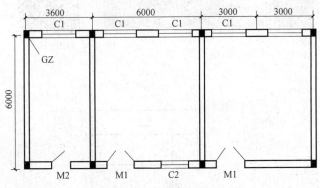

图 10-18　某建筑平面图

图 10-19　某建筑三维软件绘制图

【解】

（1）识图内容

通过识图可知，墙的标注尺寸，结合题干给出的墙厚，可知内墙净长度，再乘以墙高，可知墙面积。

（2）工程量计算

① 清单工程量

$S = (6-0.24) \times 3.2 \times 2 = 36.864 \ (\mathrm{m}^2)$

② 定额工程量

定额工程量同清单工程量。

【小贴士】式中：（6-0.24）为墙长；3.2 为墙高；2 为墙的数量。

7. 金属旗杆

（1）名词概念

旗杆是一种用于各种厂矿、企事业单位、生活小区、车站、海关码头 视频 10-4：旗杆学校、体育场馆、高级酒店、城市广场等作为标识而树立的构件。旗杆分为专业旗杆、注水旗杆、刀旗旗杆、不锈钢电动旗杆、不锈钢锥形旗杆、变径旗杆、室内旗杆、广场旗杆和房顶旗杆等。

金属旗杆是指金属材质的旗杆。如图 10-20 所示。

（2）案例导入与算量解析

【例 10-7】 已知某企业办公楼前升旗台如图 10-21 所示，旗杆采用不锈钢金属旗杆，试计算其金属旗杆工程量。

图 10-20　金属旗杆

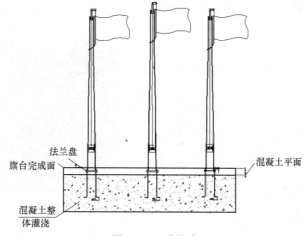

图 10-21　升旗台

【解】

（1）识图内容

通过识图可知金属旗杆数量为 3 根。

（2）工程量计算

① 清单工程量

$N = 3$（根）

② 定额工程量

定额工程量同清单工程量。

【小贴士】 式中：3 为旗杆数量。

8. 玻璃雨篷

（1）名词概念

雨篷是设置在建筑物进出口上部的遮雨和遮阳篷，用以遮挡建筑物入口处和顶层阳台上部的雨水和保护外门免受雨水侵蚀的水平构件。雨篷梁是典型的受弯构件。雨篷有以下三种形式：

1）小型雨篷，如悬挑式雨篷、悬挂式雨篷。

2）大型雨篷，如墙或柱支承式雨篷，一般可分为玻璃钢结构和全钢结构。

3）新型组装式雨篷。

玻璃雨篷，是以钢结构框架为主要结构，选用钢管等制作而成的防雨篷。钢结构是通过冷弯成型的弯圆设备弯制的；钢柱与基础面的衔接采用预埋件或螺杆锚固技术；玻璃一般采

视频 10-5：
玻璃雨篷

用两层夹胶工艺，以确保安全。玻璃雨篷如图 10-22 所示。

（2）案例导入与算量解析

【例 10-8】　已知某厂房首层平面图如图 10-23 和图 10-24 所示，墙厚 240mm，层高 3.5m，大门处设有玻璃雨篷，雨篷挑出 1.8m，试计算雨篷工程量。

【解】

（1）识图内容

图 10-22　玻璃雨篷

通过识图可知雨篷为规则形状，挑出 1.8m，长（6-0.24）m，从而可计算其工程量。

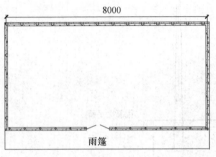

图 10-23　某厂房首层平面图

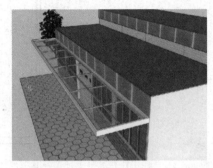

图 10-24　某厂房三维效果图

（2）工程量计算

① 清单工程量

$S = (8-0.24) \times 1.8 = 13.968$ （m^2）

② 定额工程量

定额工程量同清单工程量。

【小贴士】式中：（8-0.24）为雨篷长度；1.8 为雨篷挑出宽度。

9. 美术字

（1）名词概念

美术字是指经过加工、美化、装饰而成的文字，是一种运用装饰手法美化文字的书写艺术加工的实用字体。工程中的美术字常指公司名称、招牌等。美术字如图 10-25 所示。

视频 10-6：
美术字

（2）案例导入与算量解析

【例 10-9】　已知某公司门口悬挂美术字，如图 10-26 所示，图中美术字尺寸为 350mm×350mm，试计算图中美术字工程量。

【解】

（1）识图内容

通过识图可知美术字数量。

（2）工程量计算

① 清单工程量

350mm×350mm 尺寸：8 个。

② 定额工程量同清单工程量

【小贴士】式中：8 为美术字数量。

图 10-25　美术字

图 10-26　美术字招牌

10.3　关系识图与疑难分析

10.3.1　关系识图

1）扶手工程量计算时要加上弯头长度。弯头如图 10-27 所示。

2）暖气罩工程量计算时，要按边框外围尺寸垂直投影面积计算。暖气罩实物图如图 10-28 所示，暖气罩外围尺寸线如图 10-29 所示。

图 10-27　扶手弯头

图 10-28　暖气罩实物图

10.3.2　疑难分析

1）洗漱台工程量计算时，削角所占面积不扣除，如图 10-30 所示。

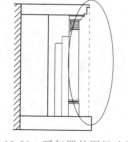

图 10-29　暖气罩外围尺寸线

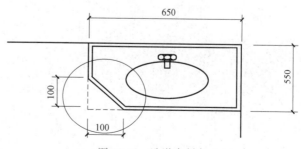

图 10-30　洗漱台削角

2）洗漱台工程量计算时，尺寸以台面外接矩形面积计算，且不扣除孔洞部分，如图 10-31 所示。

3）玻璃雨篷按设计图示尺寸以水平投影面积计算。如图 10-32 所示，中间起拱的玻璃雨篷，水平投影为矩形，则按矩形计算工程量。

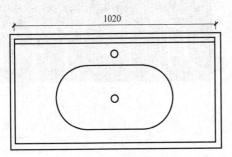

图 10-31　洗漱台外接矩形

图 10-32　起拱玻璃雨篷

11.1 工程量计算依据

新的清单范围房屋修缮工程划分的子目包括拆除及房屋修缮等内容 32 节，共 102 个项目。

房屋修缮工程计算依据一览表见表 11-1。

表 11-1 房屋修缮工程计算依据一览表

计算规则	清单规则	定额规则
砖砌体拆除	按拆除的体积计算	各种墙体拆除按实拆墙体体积以 m³ 计算,不扣除 0.3m² 以内的孔洞和构件所占的体积
钢筋混凝土构件拆除	按拆除构件的混凝土体积计算	混凝土及钢筋混凝土的拆除按实拆体积以 m³ 计算,楼梯拆除按水平投影面积以 m² 计算
木构件拆除	按拆除构件的体积计算	各种屋架、半屋架拆除按跨度分类以榀计算,檩、椽拆除不分长短按实拆根数计算,望板、油毡、瓦条拆除按实拆屋面面积以 m² 计算
平面、立面块料拆除	按拆除的面积计算	各种块料面层铲除均按实际铲除面积以 m² 计算
栏杆拆除	按拆除的延长米计算	栏杆扶手拆除均按实拆长度以 m 计算
卫生洁具拆除	按拆除的数量计算	卫生洁具拆除按实拆数量以套计算
门窗整修	按照图示数量计算	—
墙面保温修缮	按实际修补尺寸以面积计算,不扣除 ≤ 0.3m² 的孔洞面积	—
楼梯防滑条填换	按设计图示尺寸以长度计算	—
台阶面层修补	按设计图示尺寸或实际修补尺寸以面积计算	—

11.2 工程案例实战分析

11.2.1 问题导入

相关问题：

1）砖砌体有哪些分类？砖砌体拆除的工程量如何计算？

2) 木构件拆除工程量如何计算？

3) 块料面层包含哪些分类？拆除工程量如何计算？

4) 门窗整修是如何计算的？

11.2.2 案例导入与算量解析

1. 砖砌体拆除

（1）名词概念

砖砌体是指用砖和砂浆砌筑成的整体材料，是目前使用最广的建筑材料之一。根据砌体中是否配置钢筋，分为无筋砖砌体和配筋砖砌体两种。对于经鉴定为危险墙体或外观损坏十分严重的砖砌体，应予以拆除。砖墙拆除如图 11-1 所示。

视频 11-1：
砖砌体

图 11-1 砖墙拆除

（2）案例导入与算量解析

【例 11-1】 已知某建筑基础如图 11-2 所示，室外地坪标高为 −1.050m，地圈梁截面尺寸为 240mm×240mm，砖基础截面如图 11-3 所示，砖基础底面及各放脚水平投影均为正方形，现需拆除该基础，试计算其砖基础拆除工程量。

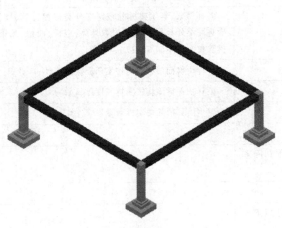

图 11-2 砖基础三维软件绘制图

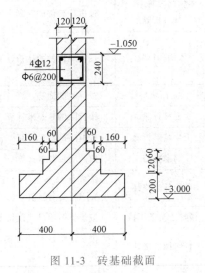

图 11-3 砖基础截面

【解】

（1）识图内容

通过识图可知砖基础共 4 个，地圈梁截面尺寸为 240mm×240mm，截面面积小于 $0.3m^2$，不予扣除。

（2）工程量计算

① 清单工程量

$V = (0.8×0.8×0.2+0.48×0.48×0.12+0.36×0.36×0.06+0.24×0.24×1.57)×4$

$\quad = 1.015 \ (m^3)$

② 定额工程量

定额工程量同清单工程量。

【小贴士】　式中：（0.8×0.8×0.2+0.48×0.48×0.12+0.36×0.36×0.06+0.24×0.24×1.57）为单个砖基体积；4 为砖基数量。

2. 钢筋混凝土构件拆除

（1）名词概念

钢筋混凝土是指通过在混凝土中加入钢筋网、钢板或纤维而构成的一种组合材料与之共同工作来改善混凝土力学性质的一种组合材料。由钢筋混凝土浇筑而成的构件称为钢筋混凝土构件。当构件或建筑经鉴定为危险时，或者需要拆除时，应拆除。钢筋混凝土构件拆除如图 11-4 所示。

音频 11-1：
钢筋混凝土

图 11-4　钢筋混凝土构件拆除

（2）案例导入与算量解析

【例 11-2】　已知某建筑如图 11-5 和图 11-6 所示，墙厚 240mm，墙高 3.1m，墙体采用钢筋混凝土现浇而成，窗的尺寸为 1500mm×1800mm，门的尺寸为 1200mm×2100mm，现需拆除该墙体，试计算其拆除工程量。

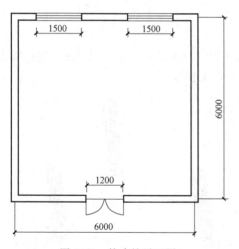

图 11-5　某建筑平面图

图 11-6　某建筑三维软件绘制图

【解】

（1）识图内容

通过识图可知墙体标注尺寸，结合题干给出的墙高和墙厚，可计算出墙体体积，扣除门窗所占部分，可知拆除工程量。

（2）工程量计算

① 清单工程量

$V = 6×4×3.1×0.24-(1.5×1.8×0.24)×2-1.2×2.1×0.24$

　　$= 15.955$　（m^3）

② 定额工程量

定额工程量同清单工程量。

【小贴士】式中：6×4 为墙体中心线长度；3.1 为墙高；0.24 为墙厚；（1.5×1.8×0.24）×2 为窗所占体积；1.2×2.1×0.24 为门所占体积。

3.木构件拆除

（1）名词概念

木构件是指木材或木质材料制成的建筑结构件。木材具有天然质感好、强重比大、导热系数小等特点，至今仍属重要建筑材料，特别是门、窗、地板、楼梯扶手等构件中仍以木材为主要用材。木梁如图 11-7 所示。木柱如图 11-8 所示。

音频 11-2：
木构件

图 11-7　木梁

图 11-8　木柱

（2）案例导入与算量解析

【例 11-3】　已知某建筑首层柱平面图如图 11-9 和图 11-10 所示，柱高为 3m，主材质为木柱，半径为 300mm，现需拆除该木柱，试计算其拆除工程量。

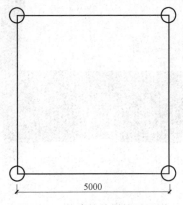

图 11-9　某建筑首层柱平面图

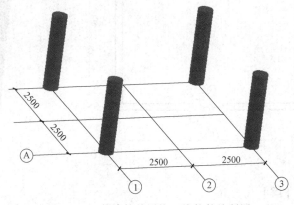

图 11-10　某建筑首层柱三维软件绘制图

【解】

（1）识图内容

通过识图可知木柱数量，结合题干给出的木柱半径以及柱高，可知木柱拆除工程量。

（2）工程量计算

① 清单工程量

$V = 0.3 \times 0.3 \times 3.14 \times 3 \times 4 = 3.39$（$m^3$）

② 定额工程量

定额工程量同清单工程量。

【小贴士】式中：0.3 为木柱半径；3 为柱高；4 为木柱数量。

图 11-11　块料地面

4. 平面、立面块料拆除

（1）名词概念

块料也称块材，是泛指如玻璃、铝塑板、石材和瓷砖等块状装饰材料。平面、立面块料拆除是指块料楼地面、块料墙柱面等装饰面层的拆除。块料地面如图 11-11 所示。

（2）案例导入与算量解析

【例 11-4】　已知某学校部分建筑如图 11-12 和图 11-13 所示，墙厚 240mm，房间 A 用瓷砖地面，但现已大面积起鼓，需要全部拆除翻新，试计算该房间瓷砖地面拆除工程量。

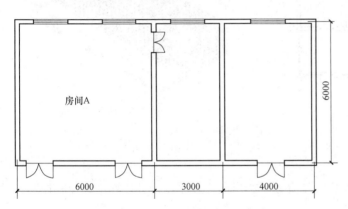

图 11-12　某学校建筑平面图

图 11-13　某学校建筑三维软件绘制图

【解】

（1）识图内容

通过识图可知房间 A 标注尺寸，结合题干可知墙厚，从而可知内墙净长和净宽。

（2）工程量计算

① 清单工程量

$S = (6-0.24) \times (6-0.24)$

　$= 33.18$（m^2）

② 定额工程量

定额工程量同清单工程量。

【小贴士】式中：(6-0.24) 为内墙净长；(6-0.24) 为内墙净宽。

5. 栏杆拆除

（1）名词概念

栏杆是在建筑中设置的安全设施。栏杆在使用中起分隔、导向的作用，使被分割区域边界明确清晰，设计好的栏杆，很具装饰意义。栏杆有镂空和实体两类。镂空的栏杆由立杆、扶手组成，有的加设有横档或花饰。实体的

视频 11-2：栏杆

栏杆由栏板、扶手构成，也有局部镂空的。栏杆还可做成坐凳或靠背式的。栏杆的设计，应考虑安全、适用、美观、节省空间和施工方便等。栏杆如图 11-14 所示。

图 11-14　栏杆

（2）案例导入与算量解析

【例 11-5】　已知某房屋如图 11-15 和图 11-16 所示，院子设有截面 300mm×300mm 栏板，栏板上设 1100mm 高金属栏杆，现对围墙进行加固，需将栏杆拆除，砌筑砖墙，试计算其栏杆拆除工程量。

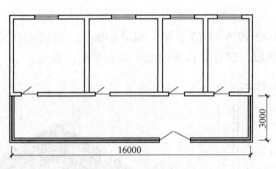

图 11-15　某房屋平面图

图 11-16　某房屋三维软件绘制图

【解】

（1）识图内容

通过识图可知栏杆位置及标注长度，结合题干给出的栏板厚度，可计算出栏杆净长度。

（2）工程量计算

① 清单工程量

$L = (3-0.15)\times2+16-0.3$

　　$= 21.4$（m）

② 定额工程量

定额工程量同清单工程量。

【小贴士】式中：0.3 为栏板厚度。

6. 卫生洁具拆除

（1）名词概念

卫生洁具是建筑物内水暖设备的一个重要组成部分，是供洗涤、收集和排放生活及生产中所产生污（废）水的设备。卫生洁具的材质使用最多的是陶瓷、搪瓷生铁、搪瓷钢板，还有水磨石等。

常用卫生洁具按其用途不同，可分以下几类：

1）洗涤类卫生洁具，包括洗涤盆、污水盆等。

2）盥洗、淋浴用卫生器具，包括洗面器、盥洗槽、浴盆、淋浴器等。

3）便溺用卫生器具，包括大便器、小便器及大便槽和小便槽等，设在公共建筑住宅、旅馆的卫生间内，主要用于收集和排放粪便污水。坐便器如图 11-17 所示。

视频 11-3：
卫生洁具

音频 11-3：
卫生洁具

（2）案例导入与算量解析

【例 11-6】　某房屋卫生间如图 11-18 所示，现需对卫生间进行改造，卫生器具需拆除，试计算其拆除工程量。

图 11-17　坐便器

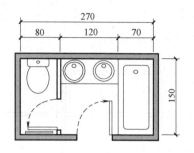

图 11-18　某房屋卫生间平面布置图

【解】

（1）识图内容

通过识图可知，卫生间有坐便器 1 个、洗漱池 2 个，浴缸 1 个。

（2）工程量计算

① 清单工程量

坐便器：1 个

洗漱池：2 个

浴缸：1 个

② 定额工程量

定额工程量同清单工程量。

【小贴士】式中：1、2、1 为识图可知的卫生洁具数量。

7. 门窗整修

（1）名词概念

门窗按其所处的位置不同，分为围护构件和分隔构件。其具有保温、隔热、隔声、防水、防火等功能。由于节能设计要求，寒冷地区门窗缝隙而损失的热量占全部采暖耗热量的 25% 左右。门窗密闭性的要求，是节能设计中的重要内容。门窗是建筑物围护结构系统中重要的组成部分。门窗如图 11-19 所示。

图 11-19　门窗

（2）案例导入与算量解析

【例 11-7】　已知某房屋如图 11-20 和图 11-21 所示，图中 C 的尺寸为 1500mm×1800mm，M1 为尺寸 900mm×2100mm 的单扇门，M2 为尺寸 2000mm×2500mm 的推拉门，现因门窗老旧，统一进行整修，试计算门窗整修工程量。

【解】

（1）识图内容

通过识图可知门窗数量，即门窗整修工程量。

（2）工程量计算

清单工程量

窗：4

M1：5

M2：1

【小贴士】式中：4、5、1为识图可知的门窗数量。

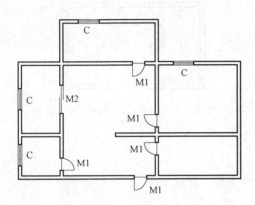 

图 11-20 某房屋平面图   图 11-21 某房屋三维软件绘制图

8. 墙面保温修缮

（1）名词概念

墙面保温分为外墙保温和内墙保温。外墙保温是将保温材料置于外墙体的外侧；内墙保温是将保温材料置于墙体内侧。其由聚合物砂浆、玻璃纤维网格布、阻燃型模塑聚苯乙烯泡沫板（EPS）或挤塑板（XPS）等材料复合而成，现场粘结施工。墙面保温构造如图 11-22 所示。

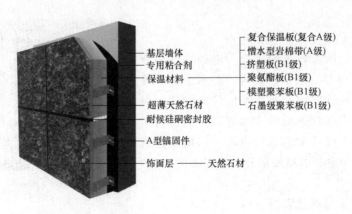

图 11-22 墙面保温构造

（2）案例导入与算量解析

【例 11-8】 已知某建筑如图 11-23 和图 11-24 所示，墙厚 240mm，高 3.0m，窗的尺寸为 1500mm×1800mm，门的尺寸为 900mm×2100mm，外墙外保温因时间久远，保温效果差，现需全面修缮，试计算外墙保温修缮工程量。

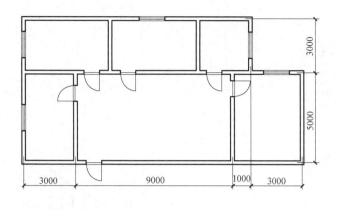

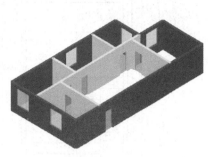

图 11-23 某建筑平面图 　　　　　　图 11-24 某建筑三维软件绘制图

【解】

（1）识图内容

通过识图可知外墙的标注尺寸，结合题干给出的墙高，可计算出外墙保温毛面积，扣减外墙门窗所占面积，即可得出外墙保温修缮工程量。

（2）工程量计算

清单工程量

$$S = [(3+9+1+3+0.24+5+3+0.24)\times 2]\times 3 - 1.5\times 1.8\times 5 - 0.9\times 2.1$$
$$= 131.49 \ (m^2)$$

【小贴士】式中：$[(3+9+1+3+0.24+5+3+0.24)\times 2]$ 为外墙外立面净长线；3 为墙高；$1.5\times 1.8\times 5$ 为窗所占面积；0.9×2.1 为门所占面积。

9. 楼梯防滑条填换

（1）名词概念

楼梯防滑条是放置在踏步沿口边向内位置的防止滑倒的条状产品。防滑条分为铝合金防滑条和铜防滑条，有 L 形和 T 形等形状。楼梯防滑条如图 11-25 所示。

（2）案例导入与算量解析

图 11-25 楼梯防滑条

【例 11-9】 已知某楼梯如图 11-26 和图 11-27 所示，楼梯间墙厚 200mm，梯井宽 100mm，楼梯踏步防滑条需重新填换，试计算防滑条填换工程量。

【解】

（1）识图内容

通过识图可知该楼梯为双跑楼梯，踏步数量为 9×2，可通过标注尺寸、墙厚、梯井宽度计算出踏步宽度，即可得出防滑条填换工程量。

（2）工程量计算

清单工程量

$$L = (2.6-0.2-0.1)\div 2\times 9\times 2$$
$$= 20.7 \ (m)$$

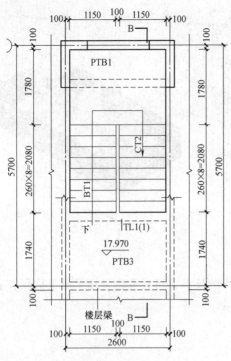

图 11-26 某楼梯平面图

图 11-27 某楼梯三维软件绘制图

【小贴士】式中：0.2 为墙厚；0.1 为梯井宽；2 为跑数；9×2 为踏步数。

10. 台阶面层修补

（1）名词概念

台阶面层包括石材台阶面、块料台阶面、拼碎块料台阶面、水泥砂浆台阶面、现浇水磨石台阶面和剁假石台阶面。台阶面层如图 11-28 所示。

（2）案例导入与算量解析

【例 11-10】已知某建筑如图 11-29 和图 11-30 所示，室外地坪为 -1.050m，室内地坪为 ±0.000，室外台阶踏步高度为

图 11-28 台阶面层

150mm，踏步宽为 270mm，台阶面层为花岗岩，现有三个踏步平面面层破损需进行修补，试计算其修补工程量。

【解】

（1）识图内容

通过识图可知台阶宽度为 6m，踏步面宽为 270mm，结合题干可知需要修补的踏步数量为 3，从而可计算出修补工程量。

（2）工程量计算

清单工程量

$S = 6 \times 0.27 \times 3 = 4.86$（m²）

【小贴士】式中：6 为台阶宽度；0.27 为踏步面宽度；3 为踏步数。

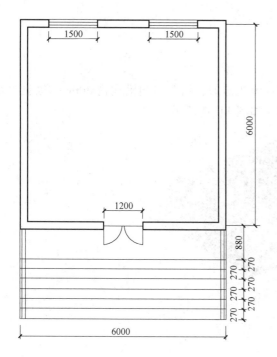

图 11-29　某建筑平面图

图 11-30　某建筑三维软件绘制图

11.3　关系识图与疑难分析

11.3.1　关系识图

1. 砖基础与地圈梁

砖基础与地圈梁相交,当地圈梁截面尺寸面积在 0.3m^2 以内,则计算砖基础拆除时,不扣除地圈梁所占体积。砖基础与地圈梁如图 11-31 所示。

2. 砖墙与墙洞

砖墙上有预留洞口时,洞口面积小于 0.3m^2 时,如图 11-32 所示,计算砖墙拆除体积时,不予扣除;洞口面积大于 0.3m^2 时,如图 11-33 所示,予以扣除。

图 11-31　砖基础与地圈梁

图 11-32　小墙洞(管道洞口)

图 11-33　打墙洞(门窗洞口)

11.3.2 疑难分析

台阶面层

台阶踏步面层在最上面一个踏步，当设计无规定时，沿踏步边沿向内 300mm 也包含在踏步面层内，300mm 以外为平台处。台阶面层如图 11-34 所示。

图 11-34 台阶面层

第12章 装饰装修工程定额与清单计价

12.1 装饰装修工程定额计价

12.1.1 装饰装修工程定额计价概述

1. 工程定额的基本概念

在装饰装修工程施工过程中，完成任何一件产品，都需要消耗一定数量的人工、材料和机械台班。而这些资源的消耗是随着生产中各种因素的不同而变化的。定额就是在正常的生产条件下，通过合理地组织劳动、使用材料和机械，完成单位合格产品所需资源数量的标准。同时在定额中还规定了相应的工作内容和要达到的质量标准以及安全要求。

定额水平就是定额标准的高低，它与当地生产因素及生产力水平有着密切的关系，是一定时期社会生产力的反映。定额水平不是一成不变的，而是随着生产力水平的变化而变化的。因此，定额水平的确定必须从实际出发，根据生产条件、质量标准和现有的技术水平，选择先进合理的操作对象进行观测、计算、分析来确定，并随着生产力水平的提高而进行补充修订，以适应生产发展的需要。

定额应起到调动职工积极性、提高劳动生产率、降低工程成本、保证质量及工期的作用，因此，既要考虑定额的先进性和合理性，同时还要考虑在正常条件下，大多数人经过努力均可达到且少数人可能超额的情况。

定额，即规定的额度、标准或尺度。

装饰装修工程定额，是指在正常的施工条件下，为完成一定计量单位质量合格的建筑产品所必需消耗的人工、材料、机械台班的数量标准。如图 12-1 所示。

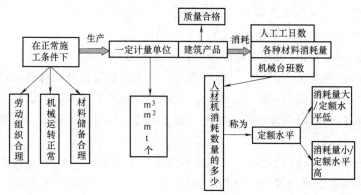

图 12-1　装饰装修工程定额

2. 工程定额的分类

工程定额是一个综合概念，是工程建设中各类定额的总称。工程定额的内容和形式，是由运用它的需要决定的。因此，定额种类的划分也是多样化的。装饰装修工程定额划分方式如图 12-2 所示。

音频 12-1：
装饰装修工程
定额的分类

（1）按生产要素分类

工程定额按其生产要素分类，可分为劳动消耗定额、材料消耗定额和机械消耗定额，如图 12-3 所示。

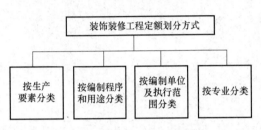

图 12-2　装饰装修工程定额划分方式

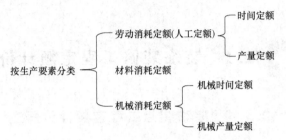

图 12-3　装饰装修工程定额按生产要素分类

1）劳动消耗定额。劳动消耗定额简称劳动定额（也称人工定额），是指在合理的劳动组织条件下，工人以社会平均熟练程度和劳动强度在单位时间内生产合格产品的数量。

装饰装修工程劳动定额是反映装饰装修产品生产生活劳动消耗量的标准数量，是指在正常的生产（施工）组织和生产（施工）技术条件下，为完成单位合格产品或完成一定量的工作所预先规定的必要劳动消耗量的标准数额。

劳动定额是装饰装修工程定额的主要组成部分，反映装饰装修工人劳动生产率的社会平均先进水平。劳动定额的制定方法如图 12-4 所示。

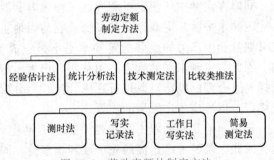

图 12-4　劳动定额的制定方法

劳动定额根据表达公式不同，可分为时间定额和产量定额两种。时间定额和产量定额互为倒数。例如：

时间定额　挖 $1m^3$ 基础土方需 0.333 工日；

产量定额　每工日综合可挖土 $1/0.333 = 3.00$（m^3）。

2）材料消耗定额。材料消耗定额简称材料定额，是指完成一定计量单位的合格产品所消耗的材料、成品、半成品、构配件、燃料动力等资源的数量标准。材料是指工程建设中使用的原材料、成品、半成品、构配件、燃料，以及水、电等动力资源的统称。材料作为劳动对象构成工程的实体，需用数量很大，种类很多。因此，材料消耗量的多少直接影响着产品价格和工程成本。

3）机械消耗定额。机械消耗定额又称机械使用台班定额，是指施工机械在正常的生产（施工）和合理的人机组合条件下，由熟悉机械性能、有熟练技术的工人或工人小组操纵机械时，该机械在单位时间内的生产效率或产品数量。也可以表述为该机械完成单位合格产品或某项工作所必需的工作时间。

机械消耗定额按其表现形式不同，可分为机械时间定额和机械产量定额。

劳动消耗定额、材料消耗定额、机械消耗定额反映了社会平均必需消耗的水平，它是制定各种实用性定额的基础，因此也称为基础定额。

（2）按编制程序和用途分类

工程定额按编制程序和用途分类，可分为施工定额、预算定额、概算定额、概算指标和投资估算指标等，如图 12-5 所示。

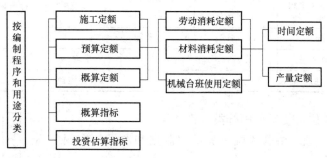

图 12-5　建筑工程定额按编制程序和用途分类

1）施工定额。以同一性质的施工过程为测定对象，表示某一施工过程中的人工、主要材料和机械消耗量。它以工序定额为基础综合而成，在施工企业中，用来编制班组作业计划、签发工程任务单、限额领料卡以及结算计件工资或超额奖励等。施工定额是企业内部经济核算的依据，也是编制预算定额的基础。

2）预算定额。是以工程中的分项工程，即在施工图上和工程实体上都可以区分开的产品为测定对象，其内容包括人工、材料和机械台班使用量三个部分。经过计价后，可编制单位估价表。它是编制施工图预算（设计预算）的依据，也是编制概算定额、概算指标的基础。预算定额在施工企业被广泛用于编制施工准备计划，编制工程材料预算，确定工程造价，考核企业内部各类经济指标等。因此，预算定额是用途最广泛的一种定额。

3）概算定额。是预算定额的合并与归纳，用于在初步设计深度条件下，编制设计概算，控制设计项目总造价，评定投资效果和优化设计方案。它是编制扩大初步设计概算、确定建设项目投资额的依据。概算定额一般是在预算定额的基础上综合扩大而成的，每一项综合分项概算定额都包含了数项预算定额。

4）概算指标。是以单位工程为对象，反映完成一个规定计量单位装饰装修产品的经济指标。概算指标是概算定额的扩大与合并，以更为扩大的计量单位来编制。概算指标的内容包括人工、材料和机具台班三个基本部分，同时还列出了分部工程量及单位工程的造价，是一种计价定额。概算指标的设定和初步设计的深度相适应，一般是在概算定额和预算定额的基础上编制的，是设计单位编制设计概算或建设单位编制年度投资计划的依据，也可作为编制投资估算指标的基础。

5）投资估算指标。是以建设项目、单项工程、单位工程为对象，反映建设总投资及其各项费用构成的经济指标。它的概略程度与可行性研究阶段相适应。投资估算指标往往根据历史的预决算资料和价格变动等资料编制，但其编制基础仍然离不开预算定额、概算定额。投资估算指标是在项目建议书和可先行研究阶段编制投资估算、计算投资需要量时使用的一种指标，是合理确定建设工程项目投资的基础。

上述各种定额的相互联系见表12-1。

表 12-1　各种定额间的关系比较

	施工定额	预算定额	概算定额	概算指标	投资估算指标
对象	施工过程或基本工序	分项工程或结构构件	扩大的分项工程或扩大的结构构件	单位工程	建设项目、单项工程、单位工程
用途	编制施工预算	编制施工图预算	编制扩大初步设计概算	编制初步设计概算	编制投资估算
项目划分	最细	细	较粗	粗	很粗
定额水平	平均先进	平均			
定额性质	生产性定额	计价性定额			

（3）按编制单位及使用范围分类（图12-6）

1）全国统一定额。由国务院有关部门制定和颁发的定额。不分地区，全国适用。

2）行业部门定额。是由各行业结合本行业特点，在国家统一指导下编制的具有较强行业或专业特点的定额，一般只在本行业内部使用。

3）地区统一定额。是由各省、自治区、直辖市在国家统一指导下，结合本地区特点编制的定额，只在本地区范围内执行。

4）企业定额。是由企业自行编制，只限于本企业内部使用的定额，如施工企业及附属的加工厂、车间编制的用于企业内部管

图 12-6　按编制单位及使用范围分类

理、成本核算、投标报价的定额，以及对外实行独立经济核算的单位如预制混凝土和金属结构厂、大型机械化施工公司、机械租赁站等编制的不纳入建筑安装工程定额系列之内的定额标准、出厂价格、机械台班租赁价格等。

5）临时定额。也称补充定额，它是指随着设计、施工技术的发展，在现行定额不能满足需要的情况下，为了补充缺项而编制的定额。补充定额只能在指定的范围内使用，可以作为以后修订定额的基础，是因上述定额中缺项而又实际发生的新项目而编制的。一般由施工企业提出测定资料，与建设单位或设计单位协商议定，只作为一次使用，并同时报主管部门备查，以后陆续遇到此类项目时，经过总结和分析，往往成为补充或修订正式统一定额的基本资料。

上述各种定额虽然适用于不同的情况和用途，但是它们是一个互相联系、有机的整体，应在实际工作中配合使用。

（4）按专业分类

定额按专业分类如图12-7所示。

3.定额计价编制步骤

定额计价的编制步骤如下：

1）根据建设工程的设计文件、施工组织设计、专业计价定额的工程量计算规则等资料，计算出各个分部分项工程的工程量。

2）根据建设工程的施工组织设计、施工技术方案、招标文件等资料，确定措施项目：对单价措施项目按计价定额的计算规则计算工程量，总价措施项目则列出即可。

3）根据招标文件等有关资料，列出需计算的其他项目，包括暂列金额、计日工、总承包服务费等项目。

4）根据计价定额、费用定额、招标文件等资料，分别计算分部分项工程费措施项目费、其他项目费，同时按市场价格信息或合同约定进行价差调整。

5）汇总分部分项工程费、措施项目费和其他项目费，并按规定计算规费、税金。

6）汇总各项费用组成，得出工程造价。

7）编写工程造价编制说明。

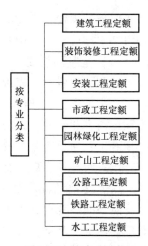

图 12-7　按专业分类

12.1.2　装饰装修工程定额计价的作用和特点

1. 装饰装修工程定额计价的作用

定额是科学管理的产物，是实行科学管理的基础，它在社会主义市场经济中具有以下几方面作用：

音频 12-2：
装饰装修工程
定额的作用

（1）定额是投资决策和价格决策的依据

定额可以对建筑市场行为进行有效的规范，如投资者可以利用定额提供的信息提高项目决策的科学性，优化其投资行为，还可以利用定额权衡自己的财务状况、支付能力、预测资金投入和预期回报；对建筑施工企业来讲，应充分考虑定额的规定与要求，才能在投标报价时做出正确的价格决策，以获取更多的经济效益。

（2）定额是企业实行科学管理的基础

企业可以利用定额促使工人节约社会劳动时间和提高劳动生产效率，以增加市场竞争能力，获取更多的利润；计算工程造价依据的各类定额，可促使企业加强内部管理，把生产的各类消耗控制在规定的限额内，以降低工程成本支出。

（3）定额有利于建筑市场的公平竞争

公平竞争、优胜劣汰，是建筑市场的竞争准则。而定额为各企业之间的公平竞争提供了有利的条件，也促进了社会主义市场经济的发展与繁荣。

（4）定额有利于完善建筑市场的信息系统

市场信息是市场体系中不可或缺的要素，它的可靠性、完备性和灵敏性是市场成熟和效率的标志。实行定额管理可以对大量的建筑市场信息进行加工整理，也可以对建筑市场信息进行传递，同时还可以对建筑市场信息进行反馈。

2. 装饰装修工程定额的特点

在社会主义市场经济的条件下，定额具有以下几方面的特性：

（1）定额的科学性

定额的科学性，主要表现为定额的编制是自觉遵循客观规律的要求，通过对施工生产过程进行长期的观察、测定、综合、分析，在广泛搜集资料和认真总结的基础上，实事求是地运用科学的方法制定出来的。定额的项目内容经过实践证明是成熟的、有效的。定额的编制技术吸取了现代科学管理的成就，具有一整套严密、科学的确定定额水平的行之有效的手段和方法。因此，定额中各种消耗指标能正确反映当前社会生产力的发展水平。

（2）定额的权威性

定额的权威性，表现在定额是由国家主管机关或它授权的各地管理部门组织编制的，定额一经批准颁发，任何单位都要严格遵守和贯彻执行，未经原制定单位批准，不得随意变更定额的内容和水平。如需进行调整、修改和补充，须经授权部门批准。这种权威性保证了对企业和工程项目有一个统一的造价与核算尺度，使国家对设计的经济效果和施工管理水平能进行统一考核和有效监督。

（3）定额的群众性

定额的群众性，表现在定额来源于群众，又贯彻于群众。因此，定额的制定和执行都具有广泛的群众基础。定额水平的高低主要取决于建筑安装工人所创造的劳动生产力水平，另外定额的编制是采取工人群众、技术人员和定额专职人员三结合的方式，使定额体现和反映的是实际的技术与管理水平，并保证一定的先进性。同时，当定额一旦颁发执行，就成为广大群众共同奋斗的目标。总之，定额的制定和执行都离不开群众，也只有得到群众的大力支持和帮助，制定的定额才能是先进合理的，并能为广大群众所接受。

（4）定额的相对稳定性和可变性

定额中所规定的各项消耗量标准，是由一定时期的社会生产力水平所决定的。随着科学技术和管理水平的提高，社会生产力的水平也必然提高，但社会生产力的发展由量变到质变的过程，有一个变动周期。因此，定额的执行也有一个相对稳定的过程。当生产条件发生变化、技术水平有了较大的提高，原有定额已不能适应生产需要时，授权部门会根据新的情况对定额进行修订和补充。所以，定额不是固定不变的，但也绝不能朝定夕改。它有一个相对稳定的执行期间，地区和部门定额一般为 5~8 年，国家定额一般为 8~10 年。

（5）定额的针对性

定额的针对性很强，一种产品（或工序）一项定额，而且一般不能相互套用。一项定额不仅是该产品（或工序）的资源消耗的数量标准，而且规定了完成该产品（或工序）的工作内容、质量标准和质量要求，具有较强的针对性，应用时不能随意套用。

3. 装饰装修工程定额计价的特点

定额计价是指根据招标文件，按照各地区省级建设行政主管部门发布的建设工程消耗量定额中的"工程量计算规则"，同时参照省级建设行政主管部门发布的人工工日单价、机械台班单价、材料以及设备价格信息及同期市场价格，直接计算出直接工程费，再按规定的计算方法计算措施费、其他项目费、管理费、利润、规费和税金，最后汇总确定建筑安装工程造价。

工程定额计价制度改革的第一阶段的核心思想是"量价分离"，即由国务院建设行政主管部门制定符合国家有关标准、规范，并反映一定时期施工水平的人工、材料、机械等消耗量标准，实现国家对消耗量标准的宏观管理。对人工、材料、机械的单价等，由工程造价管理机构依据市场价格的变化发布工程造价相关信息和指数，将过去完全由政府计划统一管理的定额计价改变为"控制量、指导价、竞争费"。

工程定额计价制度改革的第二阶段的核心问题是工程造价计价方式的改革。在建设市场的交易过程中，定额计价制度与市场主体要求拥有自主定价权之间发生了矛盾和冲突，主要表现为以下两方面：

1）浪费了大量的人力、物力，招标投标双方存在着大量的重复劳动。

2）投标单位的报价按统一定额计算，不能按照自己的具体施工条件、施工设备和技术专长来确定报价；不能按照自己的采购优势来确定材料预算价格；不能按照企业的管理水平来确定工程的费用开支；企业的优势体现不到投标报价中。

政府主管部门推行了工程量清单计价制度，以适应市场定价的改革目标。在这种定价方式下，工程量清单报价由招标者给出工程清单，投标者填单价，单价完全依据企业技术、管理水平的整体实力而定，充分发挥了工程建设市场主体的主动性和能动性，是一种与市场经济相适应的工程计价方式。

12.2　装饰装修工程工程量清单计价

12.2.1　装饰装修工程工程量清单计价概述

1. 工程量清单的组成

工程量清单（Bill Of Quantity，BOQ）是指招标人遵照计价规范强制性规定的"五统一"及其相关的法定技术标准，对拟建工程的实物工程量数量编制的，以表达对招标目的、要求和利益期望的、细密完整的及约束承包和发包双方计价行为的一套工程明细表。这个明细表即称为工程量清单。

工程量清单不仅是招标文件中最重要的部分之一，也是投标报价书 3 个文件中（商务文件、技术文件和价格文件）最核心的价格文件编制的主要依据。一经中标，工程量清单又成为签订施工承包合同的依据及合同的组成部分。在施工和完工时又是造价控制和结算的依据。因此，无论是招标人或投标人均应慎重对待工程量清单。

《建设工程工程量清单计价规范》（GB 50500—2013）的颁布，标志着我国工程造价管理进入了新的阶段，新模式也带来新的认识和新的理念。清单模式为建设市场交易提供了一个平等竞争的平台，这是工程计价改革和完善工程价格管理体制一个重要的组成部分，也是工程造价改革的必然趋势。

按照 2013 年版计价规范规定，工程量清单由封面、总说明、分部分项工程量清单、措施项目清单、其他项目清单、规费和税金项目清单等组成。

2. 工程量清单的作用

工程量清单是招标投标活动中的信息载体，为潜在的投标者提供拟建工程的必要信息。除此之外，还具有以下几方面作用：

1）为投标者提供了一个公开、公平、公正的竞争环境。工程量清单由招标人统一提供，使投标者在报价时能站在同一起跑线上，从而创造一个公平的竞争环境。

2）是计价和询标、评标的基础。工程量清单由招标人提供，无论是招标控制价的编制还是企业投标报价，都必须在清单的基础上进行，同样也为今后的询标、评标奠定了基础，招标人利用工程量清单编制的招标控制价可供评标时参考。

3）为支付工程进度款竣工结算及工程索赔提供了重要依据。在发生工程变更、索赔、增加新的工程项目等情况时，可以选用或者参照工程量清单的分部分项工程来确定变更项目或索赔项目的单价和相关费用。

3. 计价规范一般规定

1）招标工程量清单应由具有编制能力的招标人或受其委托，由具有相应资质的工程造价咨询人或招标代理人编制。

2）招标工程量清单必须作为招标文件的组成部分，其准确性和完整性应由招标人负责。

3）招标工程量清单是工程量清单计价的基础，应作为编制招标控制价、招标报价、计算或调整工程量、施工索赔等的依据之一。

4）招标工程量清单应以单位（项）工程为单位编制，由分部分项工程项目清单、措施项目清单、其他项目清单、规费和税金项目清单组成。

5）分部分项工程和单价措施项目应采用综合单价计价。

4. 工程量清单计价的概念

工程量清单是表现拟建工程的分部分项工程项目、措施项目、其他项目名称和相应数量的明细清单。是按照招标和施工设计图要求将拟建招标工程的全部项目和内容，依据统一的工程量计算规则、统一的工程量清单项目编制规则要求，计算拟建招标工程的分部分项实物工程量，按工程部位性质分解为分部分项或某一构件列在清单上作为招标文件的组成部分，供投标单位逐项填单价。经过比较投标单位所填单价与合价，合理选择最佳投标人。

工程量清单计价，是一种不同于传统定额计价的新型计价模式，它体现了我国工程造价市场的公平、公开、公正，标志着我国工程造价改革又上了一个新台阶。

5. 工程量清单的编制依据

1）现行计价规范和相关工程的国家计量规范。

2）国家或省级、行业建设主管部门颁发的计价定额和办法。

3）建设工程设计文件及相关资料。

4）与建设工程项目有关的标准、规范、技术资料。

5）拟定的招标文件。

6）施工现场情况、地勘水文资料、工程特点及常规施工方案。

7）其他相关资料。

6. 工程量清单计价的主要内容

工程量清单计价法是建设工程在施工招标投标活动中，招标人按规定格式提供招标投标项目分部分项工程数量，由投标人自主报价的一种计价行为，其主要包括以下几方面内容：

1）分部分项工程名称以及相应的计量单位和工程数量。

2）分部分项工程"工作内容"的补充说明。

3）分部分项工程施工工艺特殊要求的说明。

4）分部分项工程中的主要材料规格、型号及质量要求的说明。

5）现场施工条件、自然条件及其需要说明的问题。

工程量清单是依据建设行政主管部门颁发的工程量清单计算规则，分部分项工程划分及计量单位的规定、施工设计图、施工现场情况和招标文件中的有关要求进行编制的。它是由招标方提供的一种技术文件，而投标方则根据此技术文件进行投标报价。

建设单位在招标时，基本上都附有工程量清单。这为工程量清单报价提供了良好的基础。

工程量清单的编制，必须按计价规范的"五统一（统一项目名称、统一项目编码、统一项目特征、统一计量单位、统一工程量计算规则）"进行编制。

其中，项目编码是分部分项工程量清单项目名称的数字标志。现行计价规范项目编码由十二位数字构成。一至九位应按现行计价规范的规定设置，十至十二位应根据拟建工程的工程量清单项目名称和项目特征设置，同一招标工程的项目编码不得有重码。

在十二位数字中，一位、二位为专业工程码（例如建筑工程与装饰工程为 01，仿古建筑工程为 02，通用安装工程为 03，市政工程为 04，园林绿化工程为 05）。

三位、四位为附录分类顺序码。

五位、六位为分部工程顺序码。

七至九位为分项工程项目名称顺序码。

十至十二位为清单项目名称顺序码。如图 12-8 所示。

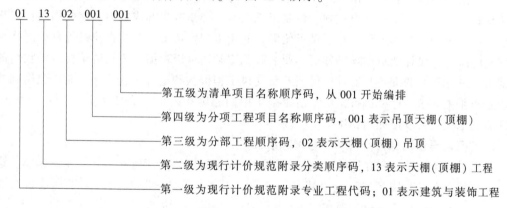

图 12-8　项目名称编码

12.2.2　装饰装修工程工程量清单计价的特点

1. 有利于企业编制内部施工定额，提高企业内部的管理水平

企业在招标投标时，必须参照标准定额，以标准定额为依据再套用市场的人工、材料、机械单价，综合计算出单价。实际上，各单位比较的也就是一个材料、人工的单价，其次就是费用的让利。真正采用先进施工工艺降低单价的寥寥无几，但作为一种趋势，随着市场经济的发展，各单位结合自身的优势，进一步编制和完善企业内部定额将会是必然的。

2. 能够增加企业中标的可能性

在实际招标投标过程中，报价项目一般比较多，考虑到甲方一般会询价，而且竣工结算时工程量是按实际发生的工程量进行计算的，因而可在报价中采取不均衡报价法，即预计工程量今后可能会增加的项目其单价要适当报高些，反之则报低些。这样即使初期总价低也没关系，不会影响整个工程利润，而且会大大增加中标的可能性。

3. 杜绝了相互扯皮的现象，从而使工程能够顺利结算

这是因为工程量清单计价的单价是综合的，是不可调的。而工程量除了一些隐蔽工程或

一些不可预测的因素外，其他都有图纸或可实测、实量。因此，在结算时能够做到清晰、快捷。

4. 有利于风险合理分担

与定额计价（量价合一）相比，工程量清单计价（量价分离）有效降低了承发包双方的风险，符合风险合理分担的原则。推行工程量清单计价，业主负责确定工程量，承担了工程量计算误差的风险，施工企业提出工程单价，承担了工程单价不符合市场实际的风险。

5. 是一种公开、公平竞争的计价方法

工程量清单计价符合市场经济运行的规律和市场竞争的规则，以工程量清单计价必能竞争出一个合理的低价，显著提高业主的资金使用效益，促进施工企业加快技术进步及革新、改善经营管理、提高劳动生产率和确定合理施工方案，在合理低价中获取合理的或最佳的利润。这对承发包双方有利，对国家经济建设与发展更为有利，是一个多方获益的计价模式。

6. 方便工程管理

工程量清单除具有估价作用外，承包商可以将设计图、施工规范、工程量清单综合考虑编制材料采购计划、安排资源计划、控制工程成本，使总的目标成本控制在范围内；工程量清单为业主中期付款和工程决算提供了便利，利用工程量清单，业主在建设过程中严格控制工程款的拨付、设计变更和现场签证。业主和工程师还可以根据工程量清单检查承包商的施工情况，进行资金的准备与安排，保证及时支付工程价款和进行投资控制；而承包商则按合同规定和业主要求，严格执行工程量清单报价中的原则和内容，及时与业主和工程师联系，合理追加工程款，以便如期完工。

7. 推行工程量清单计价有利于与国际接轨

工程量清单计价方式在国际上通行已经有上百年的历史，其规章完备、体系成熟。这一改革为我国企业参与国际工程竞争铺平了道路，更加有利于我国尽快制定工程造价法律体系，以适应市场经济全球化的要求。

8. 推行工程量清单计价有利于规范计价行为

推行工程量清单计价将统一建设工程的计量单位、计量规则，规范建设工程计价行为，促进工程造价管理改革的深入和管理体制的创新，最终建立由政府宏观调控、市场有序竞争的工程造价新机制，也将对工程招标投标活动、工程施工、管理、监理等方方面面产生深远的影响。

9. 编制工程量清单计算工程量时间前置

工程量清单，在招标前由招标人编制。也可能业主为了缩短建设周期，通常在初步设计完成后就开始施工招标，在不影响施工进度的前提下陆续发放施工图，因此承包商据以报价的工程量清单中各项工作内容下的工程量一般为概算工程量。

10. 编制工程量清单达到了投标计算口径统一

因为各投标单位都根据统一的工程量清单报价，达到了投标计算口径统一，不再是传统预算定额招标，各投标单位各自计算工程量，计算的工程量均不一致。

11. 编制工程量清单防止索赔事件增加

因承包商对工程量清单单价包含的工作内容很清楚，当建设方不按清单内容施工时，或任意要求修改清单，都可能引发施工索赔。

12.3 装饰装修工程定额计价与工程量清单计价的联系和区别

1. 定额计价与工程量清单计价的联系

（1）两者之间具有传承性

从我国工程建设发展过程来看，清单计价方式是在定额计价方式的基础上发展而来的，清单计价方式是在适应计划经济时期的定额计价方式的基础上，发展成适应市场经济条件的新的计价方式，从这个角度来讲，在掌握定额计价方法的基础上再去学习清单计价方法，就较为容易和简单得多。

（2）两者的目标相同

不管使用哪种计价方式，目标都是正确确定工程造价，不管造价的计价形式、方法有多少变化，从理论上来讲，只要掌握了其中一种计价方式，就能在短期内较好地掌握另一种计价方法。

（3）两者的重点都是要准确计算工程量

两种计价方式所涉及的知识面、计算的依据、花费的时间、技术含量有所不同，但工程量计算却是两种计价方式的共同重点，正确地计算工程价、准确计算工程量是两种计价方式都不可或缺的。

（4）两者的编制程序主线条基本相同

两种计价方式都要经过识图计算工程量、套用定额、计算费用、汇总工程造价等主要程序来确定工程造价。

（5）两者在取费方法上基本相同

所谓取费方法，就是指应该取哪些费、取费基数是什么、取费费率是多少等，不管是清单计价还是定额计价，都必然要计算直接费、间接费、利润和税金，只不过是在划分费用的方法上、计算的基数上、采用的费率上，清单计价方式与定额计价方式存在差异而已。

（6）清单计价中综合单价编制是在定额的基础上进行的

清单计价中综合单价编制这一关键技术，必须在定额计价的基础上才能掌握。定额计价一般是先计算分项工程直接费，汇总后再计算间接费和利润，而清单计价是将管理费和利润分别综合在了每一个清单工程量项目中，这也是清单计价方式的重要特点和清单报价的关键性技术。因此，必须在定额计价方式的基础上掌握综合单价的编制方法，才能把握清单报价的关键技术。

2. 定额计价与工程量清单计价的区别

（1）编制工程量的主体不同

定额计价方式中，建设工程的工程量分别由发包人（招标人）和承包人（投标人）分别按图编制计算。清单计价方式中，工程量由招标人自行或其委托的代理机构统一编制和计算，如招标工程量清单有缺项、漏项或者工程量计算错误，一切责任由招标人负责，最后的决算按实际发生的工程量计算。

（2）反映和适应的建设市场发展阶段不同

定额计价方式比较适应计划经济时期国家定价或国家指导价阶段，反映

音频 12-3：
定额计价方式
与清单计价
方式的区别

的是社会平均生产力水平，体现不出或者较少体现企业的竞争优势和生产、管理水平和成本控制能力。清单计价方式适应市场经济发展阶段，能够充分发挥市场竞争定价要求，体现企业的优势，促进企业提升生产力、管理水平和成本控制能力。

（3）是否为强制性适用和使用范围不同

定额计价方式，现阶段为指导性适用，除特定项目必须采用清单计价方式外，承发包双方可选用国家、行业或地方相关定额进行计价。使用范围用于项目前期投资指标预测、设计概算、预算，编制标底，造价鉴定。在交易阶段，只是作为产品价格形成的辅助依据。清单计价方式，使用国家资金投资的建设工程，必须采用工程量清单计价，为强制性规定，提倡其他工程项目采用清单计价方式，清单计价使用于工程招标，是形成合同价格及后续合同价格管理的依据。

（4）项目设置和划分不同

定额计价按现行基础定额项目的施工工序、工艺进行设置，定额项目包括的工程内容一般是单一的，但计价项目的工程实体与措施合二为一，该项目既有实体因素又包括措施因素在内，项目划分着重考虑了施工方法因素，从而限制了企业优势的展现。清单计价是按工程量清单设置一个"综合实体"考虑的综合项目，将实体部分多项工序或工程内容合并为一体，该项目一般包括多个子目工程内容，但将实体部分与措施部分分离，不再与施工方法挂钩，有利于企业自主组价，实现了个别成本控制，有利于竞争和展现企业优势。

（5）工程量计算规则不同

定额计价方式按定额工程量计算规则计算工程量，按分部分项工程的实际发生量计算。清单计价方式按清单工程量规则计算工程量，是按分部分项实物工程量净量计算，当分部分项子目综合多个工程内容时，以主体工程内容的单位为该项目的计量单位。

（6）人工、材料、机械消耗量计算标准不同

定额计价方式的人工、材料、机械消耗量按综合定额标准计算，反映的是社会平均水平。清单计价方式按人工、材料、机械消耗量由投标人根据企业自身情况或企业定额自行确定，反映的是企业的自身水平。

（7）计价依据和定价原则不同

定额计价方式选用统一的预算定额+费用定额+调价系数，是按工程造价管理机构发布的有关规定及定额中的基价定价，属于政府定价或者政府指导定价。清单计价是使用企业定额或者根据自身情况自主报价，属于市场竞争定价，反映的是市场决定价格。

（8）单价组成不同

定额计价方式中使用的单价为"工料单价法"，即人工费+材料费+机械费，将管理费、利润在取费中考虑，定额计价采用定额子目基价，子目计价只包括定额编制时期的人工费、材料费、机械费、管理费，不包括利润和风险因素带来的影响。清单计价方式中的单价为"综合单价法"，单价组成为人工费+材料费+机械费+管理费+利润+风险，使用综合单价法更直观地反映了各计价项目（包括构成工程实体的分部分项工程项目、措施项目、其他项目）的实际价格，各项费用均由投标人根据企业自身情况和考虑各项风险因素自行编制。

（9）差价调整和工程风险不同

定额计价方式按承发包双方约定的价格与定额价对比，调整价差，定额计价由投标人计算和确定工程量，差价一般可调整，所以投标人一般只承担工程量计算风险，不承担材料价

格风险。清单计价方式按承发包双方约定的价格直接计算，除招标文件或合同另有约定外，不存在价差调整问题，是招标人编制工程量清单并计算工程量，数量不准被投标人发现和利用，招标人要承担差量的风险，而由于单价通常不调整，投标人要承担组成价格的全部因素风险。

（10）计价程序和计价方法不同

定额计价方式的计价思路和程序是直接费+间接费+利润+价差+规费+税金，计价方法是根据施工工序，将相同工序的工程量汇总相加，选套定额，计算出一个子项的定额分部分项工程费，每个项目独立计价。清单计价方式的计价思路和程序是分部分项工程费+措施项目费+规费+税金，计价方法是按一个综合实体计价，即子项目随主体项目计价，由于主体项目与组合项目是不同的施工工序，往往要计算多个子项才能完成一个清单项目分部分项工程综合单价，每一个项目组合计价。

（11）编制的责任、时间以及表现形式不同

1）编制的责任不同。定额计价是建设工程的工程量分别由招标单位和投标单位分别按图计算。工程量清单计价是工程量由招标单位统一计算或委托有工程造价咨询资质单位统一计算，"工程量清单"是招标文件的重要组成部分，各投标单位根据招标人提供的"工程量清单"，根据自身的技术装备、施工经验、企业成本、企业定额和管理水平自主填报单价。

2）编制的时间不同。定额计价是在发出招标文件后编制（招标与投标人同时编制或投标人编制在前，招标人编制在后）。工程量清单计价在发出招标文件前编制。

3）编制的表现形式不同。采用定额计价一般是总价形式。工程量清单计价采用综合单价形式，综合单价包括人工费、材料费、机械费、管理费、利润，并考虑风险因素。工程量清单报价具有直观、单价相对固定的特点，工程量发生变化时，单价一般不作调整。

（12）招标投标计价过程不同

定额计价方式，招标方只负责编写招标文件，不设置工程项目内容，也不计算工程量，工程子目和子目的工程量由投标方根据文件确定，计价项目设置、工程量计算、计价工作是在一个阶段完成的。清单计价方式，招标方必须设置清单项目并计算工程量，同时对清单项目的特征和包括的工程内容必须清晰、完整地标注在清单中或者统一答复全部投标人的疑问，以便于投标人按照统一的工程量自主投标报价。清单计价由两个阶段完成：一是招标人编制工程量清单；二是投标方拿到工程量清单后根据清单报价。

（13）价款构成不同

定额计价价款包括分部分项工程费、利润、措施项目费、其他项目费、规费和税金，而分部分项工程费中的子目基价是指完成综合定额分部分项工程所需的人工费、材料费、机械费、管理费，子目基价是综合定额价，没有反映企业的真正水平，也没有考虑风险因素。清单计价价款是完成招标文件规定的工程量清单项目所需的全部费用，既包括清单中分部分项工程费、措施项目费、其他项目费、规费、税金，也包括了清单中没有体现但施工中必须发生的工程内容所需的费用和风险因素而增加的费用。

（14）单位工程项目的划分不同

定额计价的工程项目划分即预算定额中的项目划分，是按施工的一项工序进行的。每个专业定额都由几千个项目编码组成，不同工序、部位、材料、施工机械、施工方法和材料规格型号，都划分得十分详细，计算时也十分复杂。

　　清单计价首先将建筑工程、装饰装修工程、安装工程、市政工程及园林绿化工程各专业的项目名称进行汇总，并结合各专业施工特点将项目以一项或多项工序重新划分，较之定额项目的划分有较大的综合性，也减少了原来定额对于施工企业工艺方法选择的限制，使施工企业在报价时有了更多的自主性。其次，对重新划分的项目进行了统一编码，以五级编码设置，用12位阿拉伯数字表示，在使用时更为简便。再次，统一了各项目的计量单位及工程量的计算规则，使工程量的计算内容清晰、明了，减少了承发包商在施工过程中，因计量单位或工程量计算方法的不同而引起的纠纷。

　　（15）计价的依据不同

　　计价的依据不同是清单计价和定额计价最根本的区别。

　　定额计价的唯一依据就是定额，编制的方法具有地方性、行业性的特点，各省有各省的定额，各行业有各行业的定额，消耗量也是指导性的。而清单计价的主要依据是企业定额，目前可能多数企业没有企业定额，但随着工程量清单计价形式的推广和报价实践的增加，企业将逐步建立起自身的定额和相应的项目单价。当企业都能根据自身状况和市场供求关系报出综合单价时，企业自主报价、市场竞争（通过招标投标）定价的计价格局也将形成，这也正是清单计价所要促成的目标。实行清单计价的本质就是要改变政府定价模式，形成造价机制，只有计价依据个别化，这一目标才能得以实现。

第13章 装饰装修工程造价软件应用

13.1 广联达工程造价算量软件概述

13.1.1 广联达算量软件简介

广联达软件在工程造价中的应用不仅使用简便，而且加快了概预算的编制速度，极大地提高了工作效率。目前，市场推出的工程造价方面的软件包括广联达图形算量软件和广联达清单计价软件。其中，算量软件主要有云计价（GCCP5.0）、广联达土建计量软件（GTL2018），目前均比较成熟，普遍运用于各大设计院和造价事务所等。

13.1.2 广联达软件类别

广联达软件主要由云计价软件（GCCP5.0）、土建计量平台（GTJ2018）、钢筋翻样软件（GFY）、安装算量软件（GQI）和装修算量软件（DecoCost）和市政算量软件（GMA）等组成，以进行套价、工程量计算、钢筋用量计算、钢筋现场管控、安装工程量计算、材料的管理、装修的工程量价处理、桥梁及道路等的工程量计算等。软件内置了规范和图集，自动实行扣减，还可以根据公司和个人需要，对其进行设置修改，选择需要的格式报表等。安装好广联达工程算量和造价系列软件后，装上相对应的加密锁，双击计算机屏幕上的图标，就可启动软件。

13.2 广联达土建计量平台 GTJ2018 概述

13.2.1 广联达土建计量平台 GTJ2018 简介

广联达 BIM 土建计量平台 GTJ2018 是钢筋计量 GGJ2013 和土建算量 GCL2013 融合版，可以计算工程中的土建工程量和钢筋工程量。其内置《房屋建筑与装饰工程工程量计算规范》（GB 50854—2013）及全国各地清单定额计算规则、G101 系列平法钢筋规则，通过智能识别 dwg 图纸、一键导入 BIM 设计模型、云协同等方式建立 BIM 土建计量模型，帮助工程造价企业和从业者解决土建专业估（概）算，招标投标预算，施工进度变更，竣工结算全过程各阶段的算量、提量、检查，审核全流程业务，实现一站式的 BIM 土建计量服务（数据 & 应用）。

音频 13-1：
广联达土建计量
平台 GTJ2018

广联达土建计量平台 GTJ2018 用途如图 13-1 所示。

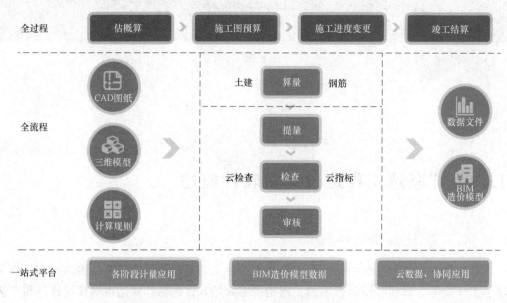

图 13-1　广联达土建计量平台 GTJ2018 用途

13.2.2　广联达土建计量平台 GTJ2018 算量流程

使用广联达土建计量平台 GTJ2018 计算实际工程量时流程如下：拿到图之后先分析图纸，识读图纸说明，了解工程概况；然后打开软件新建工程，确定工程中使用的计算规则，进行工程设置，包括工程的基本信息与楼层信息；建立工程模型，包括 CAD 识别及手工绘制，CAD 识别包括识别构件和识别图元，手工绘制包括建立构件属性、套用做法及绘制图元，模型绘制好之后进行云检查，软件会从业务方面检查构件图元之间的逻辑关系；云检查无误后进行汇总计算，计算钢筋和土建工程量，汇总计算之后查看钢筋及土建工程量，最后查看及打印报表，包括钢筋报表和土建报表。算量流程如图 13-2 所示。

音频 13-2：
广联达土建
计量平台
GTJ2018
算量流程

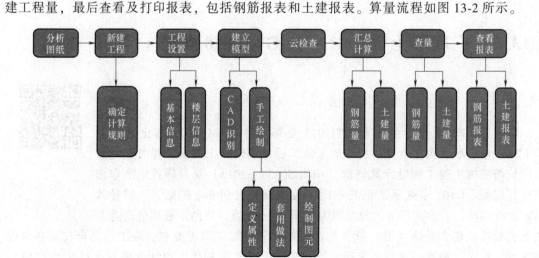

图 13-2　广联达土建计量平台 GTJ2018 算量流程

13.2.3　广联达土建计量平台 GTJ2018 功能介绍

土建计量核心价值可以概括为四个字：合、快、准、佳。旨在帮助造价从业者提高工作效率，缩短工程完成周期，保障业务完成性、安全性以及准确性。

1) "合"即为量筋合，也就是钢筋和土建业务完美整合。实现四个一：一次建模、一次修改、业务统一、功能统一。减少建模时间，经综合评估可提高工作效率 20%～30%，一次建模，无须导入、节省时间。图纸产生变更，无须修改模型。一次修改，同时作用于钢筋计算和土建计算。一次汇总，土建报表和钢筋报表分别将钢筋和土建工程量一次性呈现到位，精准快速提量。

2) "快"即为效率快，实现三快：建模速度快，汇总速度快，核量效率快。在实际业务整合已经提效的基础上，最大化利用计算机资源以及云计算技术，保障效率的提升，工程模型的建立最高效的实现方式就是 Revit 三维模型通过土建计量 GFC 接口快速实现建模。土建计量打破传统手工对量核量的操作模式，实现钢筋和土建报表均可反查的功能，精准定位到具体构件以及构件计算明细，减少查找时间，缩短核量流程，最大化提升工作效率。

3) "准"即为准确性高，二维 CAD 图作为目前主流的设计图，土建计量恰是围绕 CAD 为中心，实现 2 提：导入率提升到 99%，识别率提升到 90%，同时可以智能校核，土建计量兼顾不同地区设计单位习惯，兼容性更高。

4) "佳"即为操作性，土建计量能带来更好的视觉感受和交互体验，易操作，易上手，整个界面操作更便捷，减少点击，缩短完成路径。针对人们的学习特点采用碎片化的记忆模式，最终形成一整套软件思路，更易操作。

广联达围绕实际业务需求，以"合"为基础，以"易"为中心，以"快准"为宗旨，致力于软件研发，相较于 2013 年版，功能增加优化上百项，旨在构建更好的 BIM 土建计量平台。

13.3　广联达土建计量平台 GTJ2018 应用

13.3.1　新建工程及导图

1. 新建工程

（1）打开软件

双击 GTJ 图标打开软件。土建计量软件图标如图 13-3 所示。

（2）新建

点击图中新建，然后输入工程名称，选择清单规则和定额规则，点击创建工程，新建工程就完成了。新建工程如图 13-4 所示。

（3）工程设置

在工程设置页面点击工程信息，输入檐高、结构类型、抗震等级、设防烈度、室外地坪标高等影响工程量计算的信息。工程信息中属性名称标蓝的选项是必须保证填写准确的，因为这些数据直接影响工程量。

图 13-3　土建计量
软件图标

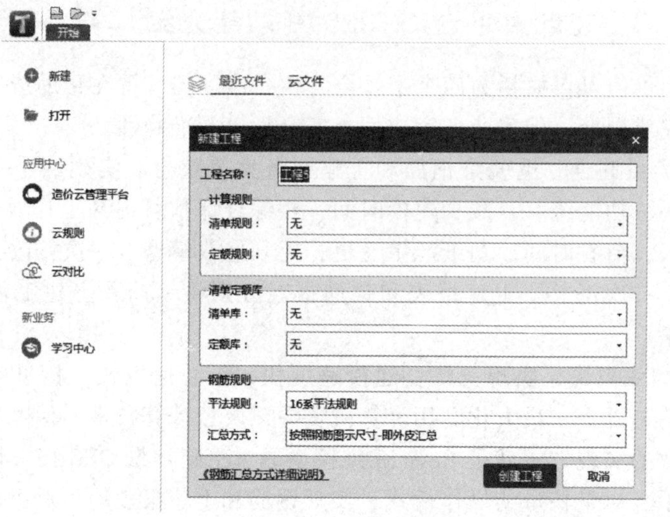

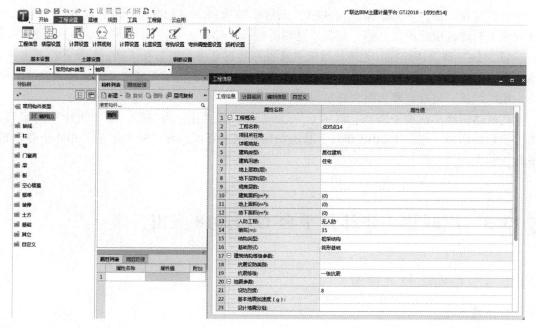

图 13-4　新建工程

图 13-5　工程信息

工程信息如图 13-5 所示。

（4）楼层设置

点击楼层设置，根据图纸信息进行楼层设置建立楼层，然后调整混凝土强度等级、锚固搭接设置信息。楼层设置如图 13-6 所示。

（5）计算设置

如需进行计算设置，可点击计算设置，调整钢筋等计算设置信息。计算设置如图 13-7所示。

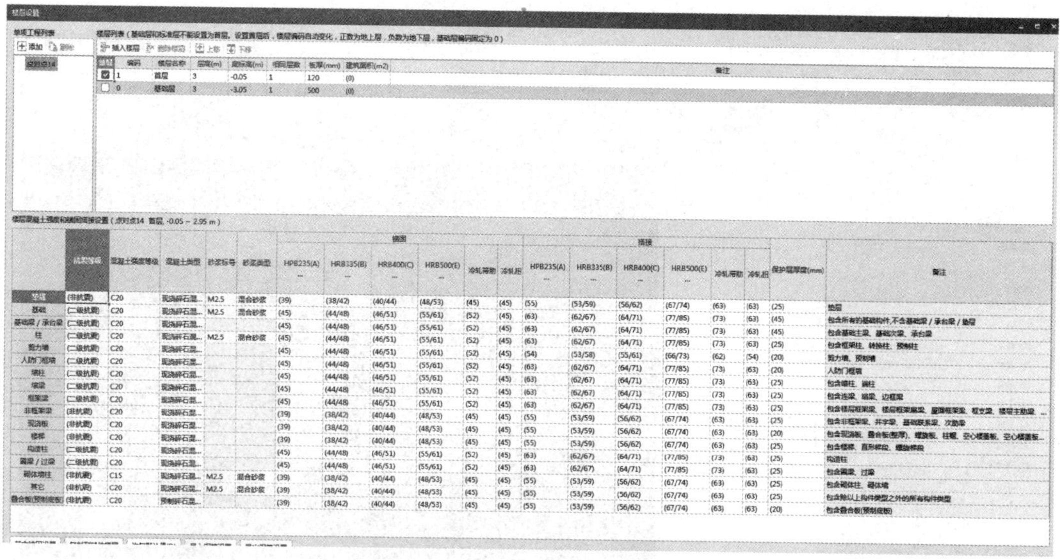

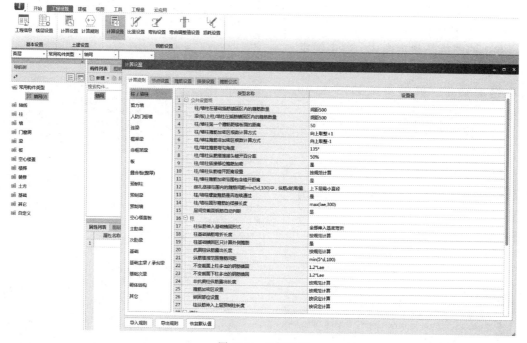

图 13-6　楼层设置

图 13-7　计算设置

（6）进入建模环节

上面所有步骤均完成后，新建工程及工程信息就填写完成了，可以开始进入建模。建模界面如图 13-8 所示。

2. 导图

（1）添加图纸

点击图纸管理，添加图纸，然后找到图纸所在位置，打开目标图纸。添加图纸如图 13-9 所示。

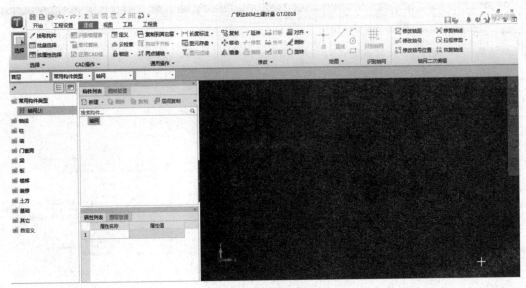

图 13-8　建模界面

（2）解锁图纸

导入的图纸是锁定模式，点击锁定图标，使图标呈现为如图 13-10 所示，解除图形锁定。解锁图纸如图 13-10 所示。

（3）分割图纸

点击分割，包含手动分割和自动分割。把图纸分割成方便识别的单个图纸，可以使用自动分割，如有未识别或识别名称不对，可采用手动分割。分割图纸如图 13-11 所示。

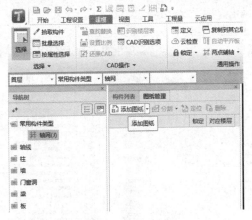

图 13-9　添加图纸

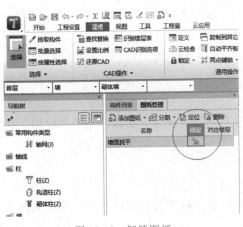

图 13-10　解锁图纸

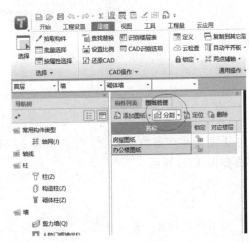

图 13-11　分割图纸

13.3.2　楼地面工程

1. 新建楼地面

点击装修→楼地面→定义→新建楼地面→修改楼地面名称。定义界面如图 13-12 所示，新建楼地面如图 13-13 所示。

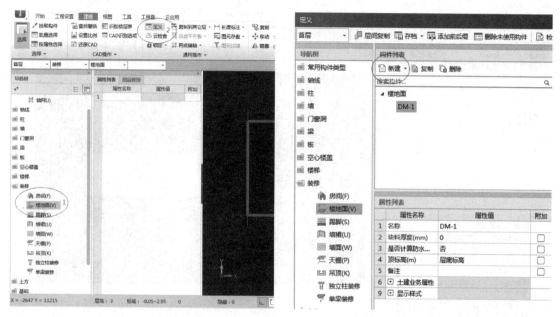

图 13-12　定义界面　　　　　　　　　　　　图 13-13　新建楼地面

2. 绘制楼地面

关闭定义界面，在建模界面选择点画的方式，绘制楼地面。绘制楼地面如图 13-14 所示。

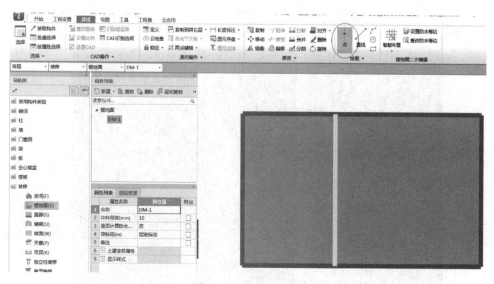

图 13-14　绘制楼地面

3. 设置防水卷边

如楼地面设有防水层，则需要设置防水卷边，即防水地面遇到墙体的上翻高度。点击设置防水卷边，选择要设置立面防水的楼地面，右键确定，输入立面防水高度。完成后，可点击查看。防水卷边设置如图 13-15 所示，防水卷边查看如图 13-16 所示。

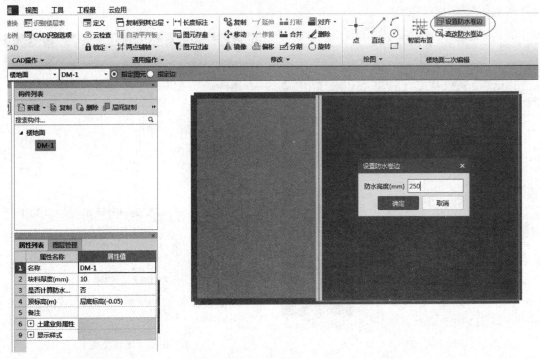

图 13-15　防水卷边设置

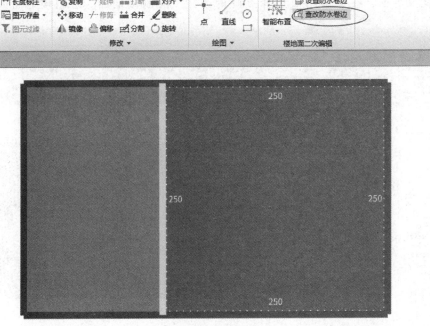

图 13-16　防水卷边查看

4. 楼地面工程量汇总计算

楼地面绘制完成后，可进行工程量汇总。在工程量截面，选择汇总计算→选择构件→点击确定→进行汇总。汇总计算如图 13-17 所示。计算完成如图 13-18 所示。

图 13-17　汇总计算

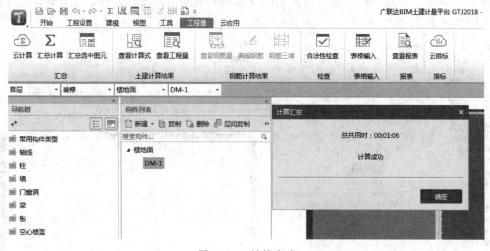

图 13-18　计算完成

13.3.3　墙面工程

1. 新建墙面

选择新建，根据图纸修改墙面名称，选择内外墙，墙面定义就完成了。新建墙面如

图 13-19 所示。

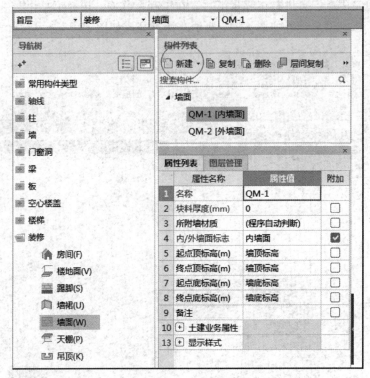

图 13-19　新建墙面

2. 墙面绘制

定义完成后，回到建模界面，采用点画方式绘制墙面，注意区分内、外墙面。墙面绘制如图 13-20 所示。

图 13-20　墙面绘制

13.3.4　天棚（顶棚）工程

1. 新建天棚（顶棚）

在建模界面，选择点击天棚（顶棚），再选择定义进入新建天棚（顶棚）界面。点击新建，输入天棚（顶棚）名称。新建天棚（顶棚）如图 13-21 所示。

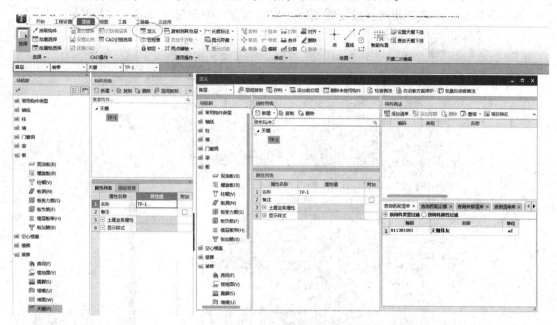

图 13-21　新建天棚（顶棚）

2. 天棚（顶棚）绘制

因为天棚（顶棚）需要依附在板上，天棚（顶棚）必须在板绘制完成后绘制。关闭定义界面，采用点画方式绘制天棚（顶棚）。天棚（顶棚）绘制如图 13-22 所示。

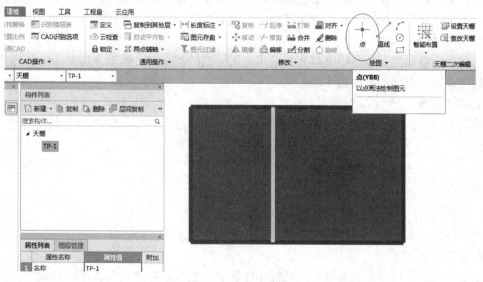

图 13-22　天棚（顶棚）绘制

13.3.5　房间整体装修绘制

装饰装修工程绘制可采用地面、墙面、天棚（顶棚）分别绘制，也可通过定义房间，在房间里面依附装修做法，整体绘制。

1. 新建房间

点击房间，然后选择新建，根据图纸修改房间名称。新建房间如图 13-23 所示。

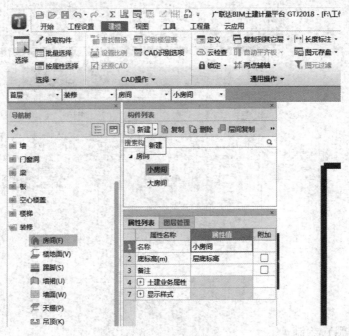

图 13-23　新建房间

2. 添加房间依附构件

选择定义，选择构件，点击添加依附构件，每个房间只能添加一种类型构件。添加完成后，再添加下一个房间。添加依附构件如图 13-24 所示。

3. 房间绘制

房间依附完成后，关闭定义界面，采用点选方式绘制房间。依附在房间的各种构件就全部绘制完成了。房间绘制如图 13-25 所示。

4. 三维查看

绘制完成后，可以选择图示动态观察，拖动鼠标进行三维查看。动态观察如图 13-26 所示。

13.3.6　报表

1. 生成报表

整个项目图形绘制完成，进行汇总计算，则可生成报表。

2. 查看报表

报表生成后，可点击查看报表，选择土建报表，根据需要选择报表进行查看。构件类型

图 13-24　添加依附构件

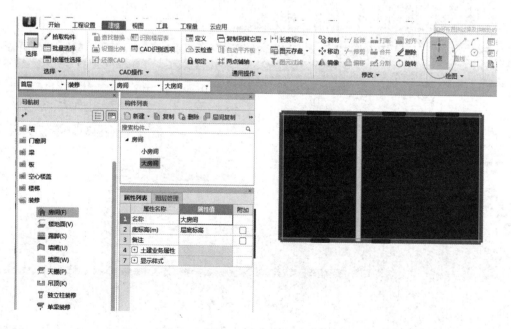

图 13-25　房间绘制

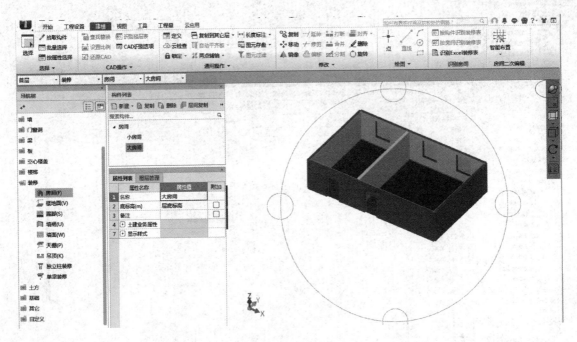

图 13-26　动态观察

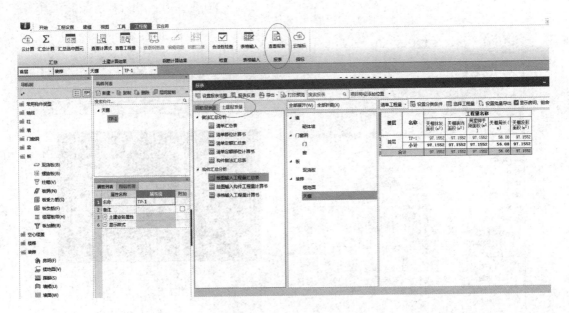

图 13-27　查看报表

较多时，可以通过选择分类查看功能，快速查看工程量。查看报表如图 13-27 所示。分类查看如图 13-28 所示。

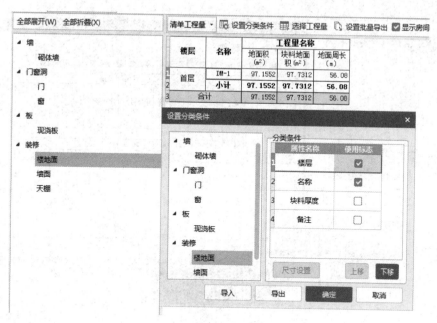

图 13-28　分类查看

3. 报表反查

在报表预览界面，选择构件，点击报表反查，可进行构件工程量查看，以及构件位置。构件选择如图 13-29 所示，报表反查如图 13-30 所示。

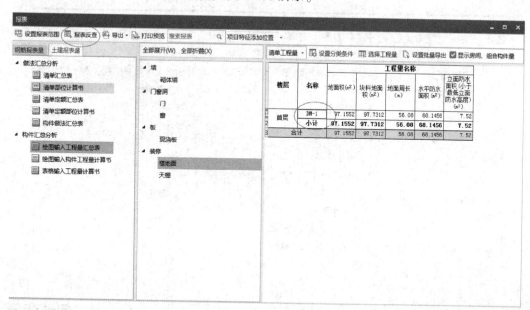

图 13-29　构件选择

13.3.7　常见问题处理

1）首层建模完成后，如何快速复制其他相似楼层构件？

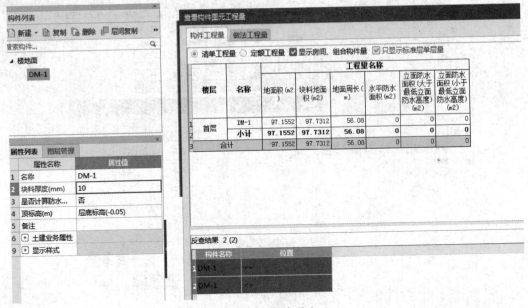

图 13-30　报表反查

如果有其他楼层与首层构件相同，即存在标准层，不需要再画一遍，可以直接利用软件的层间复制功能，快速将首层所有构件或部分构件复制到其他楼层。楼层复制如图 13-31所示。

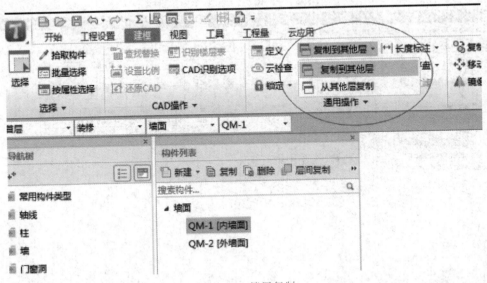

图 13-31　楼层复制

2）绘制面式构件发现没有形成封闭区域，如何快速修改？

当绘制地面、天棚（顶棚）面等面式构件时，提示没有形成封闭区域，可以点击跨图层选择，就可以在楼地面界面进行墙体位置调整，使之形成闭合区域，无须再返回墙体界面进行调整。提示如图 13-32 所示，跨图层选择如图 13-33 所示。

音频 13-3：形成封闭区域

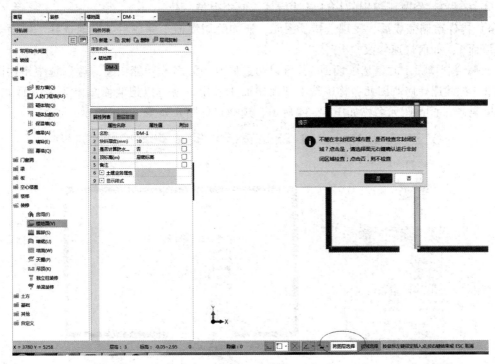

图 13-32　提示

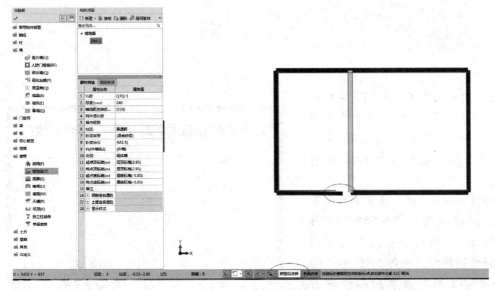

图 13-33　跨图层选择

3）导图识别过程中，遇到图纸不标准情况，如图纸尺寸信息与标注信息不对应，标注尺寸为 250mm，实际测量尺寸为 500mm，如何应对？

① 方法 1：从图纸入手，在 CAD 中进行修改，修改后，重新导入图纸。

② 方法 2：利用软件中设置比例功能，将测量尺寸与标注尺寸修改一致，提高识别效率。

③ 方法 3：修改已识别的构件属性信息，使之保持一致。

4）构件绘制完成后，发现选错了图元，比如绘制墙面 1 完成后，发现选择了墙面 2 来绘制墙面 1，如何快速修改？

如果绘制墙面 1 时错选了墙面 2，可以通过修改图元名称功能快速修改。选中错误图元墙面 2，右键选择修改图元名称，选中图元墙面 1 确定，就可以把墙面 2 修改为墙面 1，无须删除重画。修改图元名称如图 13-34 所示，选择目标图元如图 13-35 所示。

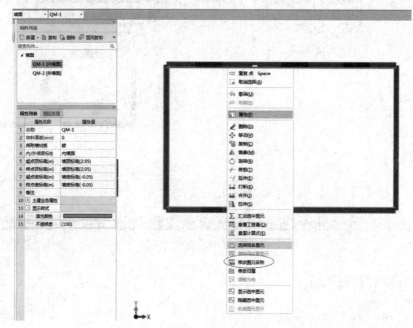

图 13-34　修改图元名称

5）同一构件在不同部位标高不同，比如在房间 1 和房间 2 均采用吊顶 1，但房间 1 吊顶底标高 2.7m，在房间 2 吊顶底标高 2.8m，如何处理？

新建吊顶 1，属性设置距地高度 2.7m，采用点选方式布置在房间 1 和房间 2，然后选中房间 2 吊顶构件，修改属性距地高度为 2.8m，则可把房间 2 的吊顶底标高修改为 2.8m，无须重复新建构件，快速方便。吊顶标高修改如图 13-36 所示。

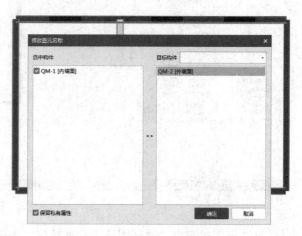

图 13-35　选择目标图元

6）如何查看单个构件工程量？

查看单个构件工程量，可以通过查看工程量功能查看。比如查看天棚（顶棚）1 工程量，选中房间天棚（顶棚），点击查看工程量，就能显示该构件详细工程量，点击查看计算式，还能查看详细计算式。查看构件工程量如图 13-37 所示，查看计算式如图 13-38 所示。

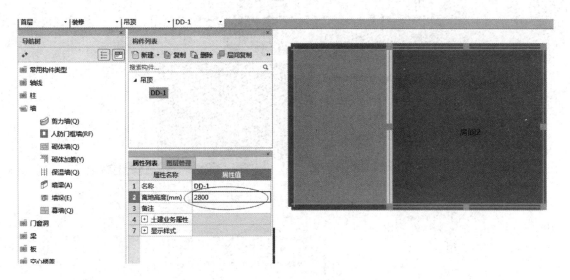

图 13-36 吊顶标高修改

图 13-37 查看构件工程量

图 13-38　查看计算式

7）如何在 GTJ2018 中测量构件长度？

测量构件长度或两点之间的距离，可通过工具中测量距离功能实现。工具里还有测量面积、测量弧长等功能。测量距离如图 13-39 所示。

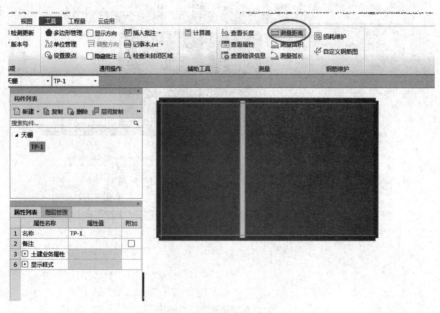

图 13-39　测量距离

8）广联达 GTJ2018 背景颜色默认为黑色，如何调成白色？

广联达 GTJ2018 背景颜色默认为黑色，可以通过工具中选项里面的绘图设置背景显示颜色来调整，可以选择白色或其他颜色。背景颜色修改如图 13-40 所示。

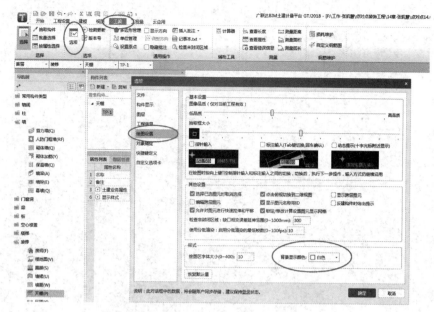

图 13-40　背景颜色修改

9）广联达 GTJ2018 中如何隐藏图元或只显示某一图元？

只显示某一图元或者隐藏某一图元，可通过视图中显示设置，通过勾选图元来设置显示某一图元，通过取消勾选隐藏某一图元。显示隐藏图元如图 13-41 所示。

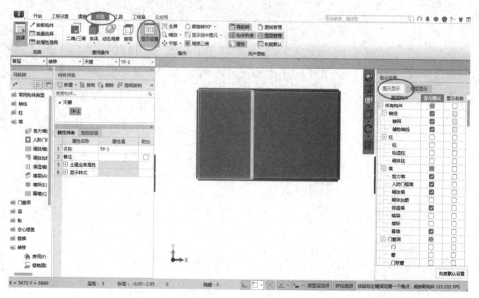

图 13-41　显示隐藏图元